城市地下综合管廊施工关键技术：保山中心城市地下综合管廊工程实践

段　军　代绍海　张良翰　编著

西南交通大学出版社
·成　都·

图书在版编目（CIP）数据

城市地下综合管廊施工关键技术：保山中心城市地下综合管廊工程实践 / 段军，代绍海，张良翰编著. —成都：西南交通大学出版社，2021.4
ISBN 978-7-5643-7937-7

Ⅰ. ①城… Ⅱ. ①段… ②代… ③张… Ⅲ. ①市政工程 - 地下管道 - 管道施工 - 概况 - 保山 Ⅳ. ①TU990.3

中国版本图书馆 CIP 数据核字（2020）第 270807 号

Chengshi Dixia Zonghe Guanlang Shigong Guanjian Jishu:
Baoshan Zhongxin Chengshi Dixia Zonghe Guanlang Gongcheng Shijian

城市地下综合管廊施工关键技术：
保山中心城市地下综合管廊工程实践

段军　代绍海　张良翰　编著

责任编辑	杨　勇
封面设计	曹天擎
出版发行	西南交通大学出版社 （四川省成都市金牛区二环路北一段 111 号 西南交通大学创新大厦 21 楼）
发行部电话	028-87600564　028-87600533
邮政编码	610031
网　　址	http://www.xnjdcbs.com
印　　刷	四川煤田地质制图印刷厂
成品尺寸	170 mm × 230 mm
印　　张	13.5
字　　数	222 千
版　　次	2021 年 4 月第 1 版
印　　次	2021 年 4 月第 1 次
书　　号	ISBN 978-7-5643-7937-7
定　　价	88.00 元

前　言

综合管廊是指设置于地下、用于容纳市政管线及其附属设备的建筑物。即在城市地下建造一个隧道空间，将电力、通信、燃气、供热、给排水等各种工程管线集于一体，设有专门的检修口、吊装口和监测系统，实施统一规划、统一设计、统一建设和管理，解决了以往多政府部门、多辖区、多使用单位的管理混乱难处，也最大程度改善了城市内涝、“马路拉链”式工程和地下空间资源利用率低等问题。故综合管廊是保障城市运行的重要基础设施和“生命线”。我国城市地下综合管廊起步较晚，目前主要在部分城市进行试点。

保山中心城市地下综合管廊是全国25个综合管廊试点项目之一。自2016年被列为国家地下综合管廊试点项目以来，保山综合管廊项目大力推广应用新材料、新工艺、新设备、新技术“四新技术”：在象山路下穿清华湖4A级景区时，为保障景区正常运行，采用预制顶管施工技术；东环路、北七路等综合管廊建设过程中使用组合铝合金模板施工技术，采用新型防水技术、新型防水卷材；廊内支架采用工业化成品支吊架技术；在景区大道、北七路等管廊内采用高集成化的监控及智能化控制设备。“四新技术”的应用大大提高了施工效率，缩短了施工周期，保障了施工质量，同时大大降低了项目投资成本。

项目公司基于保山中心城市地下综合管廊的施工实践与科学研究组织编写了《城市地下综合管廊施工关键技术：保山中心城市地下综合管廊工程实践》一书，全书的编写紧扣城市地下综合管廊的关键技术问题展开，具有很强的实用性，对于提高城市地下综合管廊施工技术水平具有较强的应用价值和现实指导意义。

编著者

2021年1月

第一篇　工程概况篇

第二篇　常规施工技术篇

第三篇 特殊施工技术篇

第一篇

工程概况篇

第1章 城市地下综合管廊施工概述

1.1 城市地下综合管廊概述

1.1.1 城市地下综合管廊的概念

综合管廊（有地方称“共同沟”“共同管道”），就是城市地下管道综合走廊，即在城市地下建造一个隧道空间，将电力、通信、燃气、供热、给排水等各种工程管线集于一体，设有专门的检修口、吊装口和监测系统，实施统一规划、统一设计、统一建设和管理，是保障城市运行的重要基础设施和“生命线”。地下综合管廊项目不仅能够避免道路路面被反复开挖形成“拉链路”，还能够避免交通堵塞，一方面可以提升城市形象，另一方面又可以给城市市民带来实实在在的便利。

1.1.2 国内外城市地下综合管廊的发展概况

在城市地下管线综合管廊的建设起源于19世纪的欧洲，首现于法国。1833年巴黎诞生了世界第一条城市地下综合管廊，距今已有187年历史。在这百年的时间里，经过不断地探索、实践和改良，建设地下综合管廊的技术已十分成熟，发达国家（地区）的许多城市已普遍建设了地下综合管廊。地下综合管廊已成为这些发达城市的重要组成部分，成为了现代化的象征。世界各国的综合管廊发展情况如下。

1. 国外综合管廊发展概况

（1）法　国

法国是世界上最早修建地下综合管廊的国家，且法国首都巴黎是地下综合管廊的起源地。当时产生的背景是因为第一次工业革命初期，快速发展的城市化导致城市人口大量增加，故原有的城市市政基础设施根本无法满足需求，并产生了一系列问题。1832 年，巴黎发生了霍乱。为了公共卫生和国民健康的需要，当时的政府部门开始着手规划建设一个完整的地下水管网系统，并在系统中收容了自来水（包括饮用水及非饮用水两类）、电信电缆、压缩空气管及交通信号电缆等五种管线。由于长期使用结果证明地下综合管廊具有管线直埋方式所无法具有的优势，所以得到了很快的推广和普及。19 世纪 60 年代末，巴黎规划了完整的地下综合管廊系统，采暖管线、天然气管线、照明电缆、通信电缆等逐步纳入，并最终发展成为现代的地下综合管廊。迄今为止，巴黎市区及郊区的地下综合管廊总里程已经达到 2 100 km，堪称世界之首。除此之外，法国已经制定了在所有具备条件的大中城市建设地下综合管廊的长远规划，为全世界树立了良好的榜样。

（2）美　国

美国对于地下综合管廊的研究开始于 1960 年，当时的背景是传统的管线直埋和缆线架空所能够占用的土地日益减少，而且成本越来越高，由于管线种类的日益增多，道路经常开挖并严重影响城市交通，破坏城市景观。除建设成本的分摊难以形成定论，综合技术、管理、城市发展、社会成本等因素，研究结果认为建设地下综合管廊不仅可行，而且很有必要。

（3）德　国

德国早在 1890 年即开始兴建综合管廊。汉堡的一条街道建造了综合管廊的同时，在道路两侧人行道的地下与路旁建筑物用户直接相连。该综合管廊长度约 455 m，在当时获得了很高的评价。德国每个城市都以立法的方式对地下综合管廊建设问题进行了明文规定：在城市主干道一次性建设共用市政综合管廊，包括给水管道、天然气管道、电力电缆、通信电缆等，并设专门人口，供维修人员出入。但是德国建筑研究所自 2002 年以来一直对地下综合管廊进行跟踪研究，并在其报告中指出当前地下综合管廊在德国的普及率依然偏低，其中最重要的因素是高昂的工程投资。比如杜塞尔多夫市地下综合管廊要求其使用年限在 80 年以上才能体现出优势。故工程师应该多加思考如何在保证地下综合管廊使用功能的前提下进一步完善技术，降低成本。

（4）西班牙

1933 年西班牙政府开始计划建设地下综合管廊，1953 年马德里市首先开始了地下综合管廊建设，经调查发现，建有地下综合管廊的道路路面开挖次数大幅减少，此外路面坍塌和交通堵塞问题也得到解决，道路寿命因此延长，技术和经济收效明显。截至 1970 年，马德里已完成总长 51 km 的地下综合管廊建设。马德里的地下综合管廊分为槽与井两种，前者为供给管，埋设得较浅，后者是综合管廊干线，铺设在地下较深处且规模较大，可以收纳除煤气管外的所有管线。另一家私人自来水公司建设了 41 km 长的地下综合管廊。由于综合管廊的建造，马德里城市道路路面被挖掘的次数明显减少，坍塌及交通干扰现象基本被消除，同时有综合管廊的道路使用寿命比一般道路路面使用寿命要长，从综合技术及经济方面来看，效益明显。

（5）英　国

1961 年，英国在伦敦市区采用 12×6.7 m 的半圆形断面建设了综合管廊，其中收容来自瓦斯管、水管、污水管、电力、电信以及敷设连接用户的供给管线。目前，伦敦市区已建成超过 22 条属政府所有的综合管廊，伦敦管廊的特点主要有：综合管廊主体及附属设施均为市政府所有；综合管廊内容纳有燃气管；综合管廊管道的空间出租给各管线单位。

（6）日　本

日本国土狭小，城市用地紧张，因而也更加注重地下空间的综合利用。综合管廊在日本开始兴建于 1926 年的千代田，1958 年日本东京开始兴建综合管廊。到 1981 年年末，日本全国综合管廊总长约 156.6 km，按照规划，到 21 世纪初，将达到 526 km。较为典型的项目有东京临海副都心地下综合管廊，该综合管廊总长度 16 km，工程建设历时 7 年，耗资 3 500 亿日元，是目前世界上规模最大、最充分利用地下空间将各种基础设施融为一体的建设项目。该项目为一条距地下 10 m、宽 19.2 m、高 5.2 m 的地下管道井，把上水管、中水管、下水管、煤气管、电力电缆、通信电缆、通信光缆、空调冷热管、垃圾收集管等九种城市基础设施管道科学、合理地分布其中，有效利用了地下空间，美化了城市环境，避免了乱拉线、乱挖路现象，方便了管道检修，使城市功能更加完善。该综合管廊内中水管是将污水处理后再进行回用，有效节约了水资源；空调冷热管分别提供 7 ~ 15 °C 和 50 ~ 80 °C 的水，使制冷、制热实现了区域化；垃圾收集管采取吸尘式，以每小时 90 ~ 100 km 的速度将各种垃圾通过管道送到垃圾处理厂。为了防止地震对综合管廊的破坏，采用了先进的管道变型调节技术和橡胶防震系统。对新的城市规划区域来说，该综合管廊已成为现代都市基础设施建设的理想模式。

2. 国内综合管廊发展概况

随着城市建设的不断发展，我国综合管廊建设也在不断发展。1958 年，北京市在天安门广场敷设了一条 1 076 m 长的综合管廊。1977 年配合“毛主席纪念堂”施工，又敷设了一条长 500 m 的综合管廊。此外，大同市自 1979 年开始，在 9 个新建的道路交叉口都敷设了综合管廊。近几年，在新一轮城市建设的热潮中，越来越多的大中城市开始规划并着手建设综合管廊。

（1）上海宝钢

进入 20 世纪 90 年代，上海市宝钢建设过程中，建造了长达数十千米的工业生产专用综合管廊系统。

（2）上海张杨路

1994 年年底，国内第一条规模较大、距离较长的综合管廊在上海市浦东新区张杨路初步建成。该综合管廊全长约 11.125 km，埋设在道路两侧的人行道下，沟体为钢筋混凝土结构，其断面形状为矩形，由燃气室和电力室两部分组成。该综合管廊还配置了相当齐全的安全配套设施，建成了中央计算机数据采集与显示系统。

（3）广州大学城

广州大学城位于广州市番禺区新造镇小谷围岛及其南岸地区，是国家一流的大学园区，华南地区高级人才培养、科学研究和交流的中心，学、研、产一体化发展的城市新区，面向 21 世纪适应市场经济体制和广州国际化区域中心城市地位、生态化和信息化的大学园区。为配合其超前的规划理念及科技化、信息化的高端定位，广州大学城在小谷围岛建设了总长为 17 km 的综合管廊，其中沿中环路呈环状结构布局的为干线综合管廊，全长约 10 km；另有 5 条支线综合管廊，长度总和约 7 km。该综合管廊是广东省规划建设的第一条综合管廊，也是目前国内距离最长、规模最大、体系最完善的综合管廊。广州大学城综合管廊标准断面为 3.7 m×7.0 m，收纳了电力、给水、冷热水、通信和有线电视五种管线。

（4）厦门集美新城

厦门市集美新城位于集美区核心区域，共 6 km^2，将延续嘉庚风貌风格。新城规划以文教、科研、生活功能为主，坐落于厦门城市几何圆心的位置，拟构筑文教区、工业区和新城区三大发展平台。集美新城核心区的道路骨干网络，由“三横三纵”组成。其中“三纵”分别为和乐路、和美路及和悦路；“三横”是海翔大道、新洲路、杏林湾路。“三横三纵”道路总长度为 12 千米多，市政共同综合管廊总长度为 6.6 km，大致呈“由”字形。

国内已建综合管廊一般都没有纳入雨水管和污水管，主要是因为水流引

导较困难。而集美新城核心区地形地貌得天独厚，天然克服了这种困难。集美新城核心区临近杏林湾，位于排水下游，地形上为中间高两边底，因此为排水管道纳入综合管廊创造了有利条件。结合场地道路标高及雨水出口标高的控制，集美新城核心区内除了和悦路下的综合管廊内不设置雨水管道外，其余综合管廊内均设置雨水管道，同时综合管廊中全部纳入污水管道。集美新城核心区进入综合管廊的管线种类较全，主要为雨水管、污水管、10 kV 电力、信息通信电缆、给水管、中水或冷却管并预留部分管位。集美新城综合管廊尺寸采用单舱 4.6 m×4.2 m，燃气管线并未纳入。

（5）昆　明

昆明市电力管网 4 年内 79 次被挖断损伤，在对地下管线事故频发与地下管线铺设的混乱现状深刻反省的过程中，昆明市也走在了将电力、通信、供水等多种市政管线集约化地铺设在综合管廊内，实行统一规划、统一建设、统一管理的集约化、可持续发展的康庄大道上。昆明市的综合管廊建设力度较大，目前已建成广福路、彩云路两条主干线综合管廊，布置电力、通信、供水三类管线。综合管廊断面采用现浇混凝土单孔矩形箱涵形式，综合管廊内空净尺寸为 3.8 m×3.0 m。

1.1.3　城市地下综合管廊的优缺点

1. 综合管廊的优点

市政道路下直埋的管线寿命一般为 20 年，而综合管廊设计的寿命一般为 50 ~ 100 年，大大延长了管线的使用寿命。虽然先期一次性投入较大，但是减少后期更大的成本投入。从全寿命周期成本的理念及项目生命周期的全过程去看待成本，以 50 年为计算期，通过相关测算、合计直接费用与外部费用（外部费用主要包含其施工阶段对城市正常交通秩序的冲击以及对道路路面的破坏），综合管廊的敷设方式费用仅为直埋式的 2/3 左右。综合管廊建设避免了由于敷设和维修地下管线频繁挖掘道路而对交通和居民出行造成影响和干扰，保持路容完整和美观，具有很高的社会和环境效益，也降低了路面多次翻修的费用和工程管线的维修费用，保持了路面的完整性和各类管线的耐久性，便于各种管线的敷设、增减、维修和日常管理。由于综合管廊内管线布置紧凑合理，有效利用了道路下的空间，节约了城市用地。由于减少了道路的杆柱及各种管线的检查井、室等，美化了城市的景观。由于架空管线一起入地，减少了架空线与绿化的矛盾。

2. 综合管廊的缺点

建设综合管廊一次投资昂贵，而且各单位如何分担费用问题较复杂。当综合管廊内敷设的管线较少时，沟体建设费用所占比重较大。由于各类管线的主管单位不同，统一管理难度较大。必须正确预测远景发展规划，否则将造成容量不足或过大，致使浪费或在综合管廊附近再敷设地下管线，而这种准确的预测比较困难。在现有道路下建设时，现状管线与规划新建管线交叉造成施工上的困难，增加工程费用。各类管线组合在一起，容易发生干扰事故，如电力管线打火就有引起燃气爆炸的危险，所以必须制定严格的安全防护措施。

1.2 城市地下综合管廊施工技术现状与发展

1.2.1 城市地下综合管廊施工技术分类

地下综合管廊施工方法通常有明挖施工法和暗挖施工法，明挖施工法包括明挖现浇法、明挖预制拼装法，暗挖施工法主要分为盾构施工法、浅埋暗挖法、顶管施工法。

1. 明挖现浇法

在地下综合管廊施工中应用最为普遍的施工方式是明挖现浇法，一般先开展基坑围护和降水作业，然后从上向下开挖基坑到设计标高时进行基地修正和加固，在基坑开挖和支护完成后再从基坑底面由下到上开展管廊主体结构浇筑施工作业，最后再进行基坑土体回填施工，完成后复原地面。此种施工方法的特点是可进行大面积的施工作业，把整体工程划分成多个施工段，各个标段可同时进行施工，有利于提升施工进度和缩短工期。同时这种施工方法简单、经济、安全，施工质量能够得到保证，但是采取此种施工方式对施工场地要求较高，施工污染严重。一般适用于施工场地地势平坦，周围既没有其他需要进行保护的建筑物又具备大面积开挖施工作业条件的新建开发区和园区，通常与新建道路的施工同步进行。

2. 明挖预制拼装法

明挖预制拼装法是随着建筑工业化这一概念的提出而出现的一种较为高级的施工方法，预制混凝土拼装工程的施工质量高、施工进度快、资金投入少、节约资源、保护环境。但采用此种施工工艺不仅需要有大规模生产预制建筑结构的供应厂家，还需要有相配套的大功率运输机械和起吊装备。

明挖预制拼装法的施工工艺为：管片预制→基坑降水→土方开挖→基底处理→管片拼装砌筑→管廊防水→土方回填→恢复地面。

3. 盾构施工法

在地下暗挖施工中盾构法是一种较为自动化和机械化的施工工艺，在使用此种施工方法进行施工作业的同时，需要及时排开地下水和预防地表沉降过大，因此盾构法也是一种施工难度很高、工艺技术要求精细、工程施工综合性较强的施工方法。盾构法施工工艺为：地层掘进→出土运输→衬砌拼装→接缝防水→盾尾间隙注浆充填。

盾构法施工减少了人工劳动力的投入、便于施工管理，而且工程施工安全性高，工期短，工程质量高。此种施工方法能有效应用于有水地层的施工场地，而且因施工造成的地表沉降较小；施工作业面积要求小，施工产生的环境污染和居民生活困扰较小，对于需要穿过已建地面建筑物的地下工程项目具有显著优势。但是盾构机械施工法也有其不可避免的缺点，主要有对于工程变更的可控性较差，工程造价高，对于覆土不深的地下综合管廊建设引起的施工沉降控制难度高。

4. 浅埋暗挖法

浅埋暗挖法是在浅地层内开展各种地下工程暗挖施工的方法。这种施工方法的特点是适用于地下结构顶部覆土较薄、地层岩性较弱且地层内有地下水、施工场地条件复杂的地下工程项目。在此类施工条件下明挖施工法和盾构法将不再适用，浅埋暗挖法对于工程临时变更有较强的适应性，而且对道路和地下已有管线的干扰影响很小，特别适合对现有城市的改建升级。

5. 顶管施工法

顶管施工法是随地下施工技术发展而兴起的一种地下施工方法。运用顶管法施工时不用开挖面层，而且可以穿过道路、地铁、河流、铁路、已建地上建筑、地下建筑和地下管线等。顶管施工工艺为利用主顶油缸、管道间以

及中继间的推动力，从工作井处开始推进工具管或掘进机，不断穿透土体往前推进到接收井内，然后被起吊机吊起。在把工具管或掘进机往前推进的同时，在后余空间内进行地下综合管廊的施工，从而实现了不需地面开挖即可进行地下管廊建设。

不同的施工方法具有不同的特征及各自不同的适用范围，具体如表 1-1 所示。

表 1-1　综合管廊施工方法对比分析

细目	施工方法名称		
	暗挖法	明挖法	预制拼装法
施工方法描述	盾构、顶管、盖挖法等	明挖工法、放坡开挖、基坑围护开挖	把综合管廊的标准段在工厂进行预制加工，而在施工现场现浇综合管廊的接口、交叉部特殊段，并与预制标准段拼装形成综合管廊整体
施工特点	施工过程对城市交通影响较小、可以有效降低综合管廊建设成本	简单、安全、直接建设成本较低	有效降低城市综合管廊施工的工期和造价、更好地保证综合管廊的施工质量
适用范围	适用于城市中心区域和埋深较深的地下综合管廊建设	适用于城市新区的综合管廊建设，与地铁、高架道路、新修道路、管线更新等整合建设	适合于城市新区或类似硅谷、城市中大型会展中心等现代化的城市新型功能区
施工机械	盾构机、顶管机、大型履带机、SMW 工法桩机、三轴搅拌机	液压震动锤、挖掘机、汽车吊、SMW 工法桩机、静压桩机	龙门吊、汽车吊、大型履带吊、三轴搅拌桩机、静压桩机

1.2.2　城市地下综合管廊施工技术发展

1. 建筑工业化

在我国建筑产业化大形势下，综合管廊预制装配技术是未来发展趋势之一。目前迫在眉睫的问题是预制拼装部件的规范化、模块化、标准化，这些

问题一经解决对于综合管廊预制装配技术的推广起到至关重要的作用。拟建综合管廊的工程规模决定了预制拼装施工费用的多少，而标准化可以使得预制拼装模板和一些其他设备的使用范围不再局限于单一工程，从而能大幅度的减少施工费用、提升工程施工质量、缩短工程工期。

2. 建造综合化

在新建地下综合管廊施工中往往会遇到与现有地下建筑物或拟建地下建筑物相冲突的问题，从而会造成政府部门之间的管理冲突、各企业之间的利益冲突。因此，在建设前期应进行地下空间的统筹规划和综合应用，不仅能规避建设后期可能发生的各种冲突，还能大幅度减少工程建设成本。

3. 规划集成化

从当前的政府政策导向来看，地下综合管廊建设规划与海绵城市建设技术的有机结合也是未来发展方向之一。比如把地下综合管廊给水排水功能与海绵城市雨水调蓄功能相结合，不仅提升了综合管廊的整体功能，还可以增强排水防涝能力，有利于城市预防洪涝灾害和海绵城市的建设。

4. 施工信息化

在建筑信息化大背景下，把 BIM 技术应用到城市综合管廊的设计、施工等过程中是城市综合管廊建设历程中不可或缺的部分。BIM 建模技术可以给工程建设各参与方提供较为直观的建筑模型，有助于工程建设各参与方之间的协调管理和统筹安排。

1.3 保山中心城市地下综合管廊工程概况

1.3.1 工程概况

自 2013 年以来，保山市拟启动南北向交通主干道永昌路改造工程，由于永昌路一直饱受“每年小挖挖、三年一大挖”的拉链式开挖的诟病，对交通出行、沿线商业及居民生活等造成了极大困扰。因此政府决定在保山中心城区的主要交通干道上建设干线综合管廊工程。截至 2015 年 12 月，保山市已在中心城区开展了永昌路、保岫东路、青堡路、兰城路等综合管廊建设工作，同时在北城片区、东城片区等区域随着道路开发建设了缆线沟。通过综合考虑城市土地现状利用、城市用地规划、城市开发强度规划、城市空间结构规划、道路交通规划、市政管线规划等因素的影响，结合综合管廊建设的相关标准，分析提出以下综合管廊适宜建设区域，即：

老城改造区域：在旧城改造建设过程中，结合架空线路入地改造、旧管改造、维修更新，建设市政管廊。新城开发区域：新建地区需求量容易预测，建设障碍限制较少，应统一规划，分步实施，高起点、高标准地同步建设市政管廊。城市主干道或景观道路：在交通运输繁忙及工程管线设施较多的城市交通性主干道，为避免反复开挖路面、影响城市交通，宜建设市政管廊。重要商务商业区：为降低工程造价，促进地下空间集约利用，宜结合地下轨道交通、地下商业街、地下停车场等地下工程同步建设市政管廊。其他区域：不宜开挖路面的路段、广场或主要道路的交叉处、需同时敷设两种以上工程管线及多回路电缆的道路、道路与铁路或河流的交叉处，可结合实际情况适当选择。

项目名称：保山地下综合管廊工程 PPP 项目；项目实施机构：依据工作职能，保山市政府授权保山市住房和城乡建设局作为项目实施机构。项目建设地点：保山市中心城市 60 km^2 范围内；项目建设周期：24 个月；项目特许经营年限：30 年（含建设期 2 年）；项目计划运营开始时间：2018 年；项目建设背景：保山市于 2015 年即采用 BOT 模式开展综合管廊规划及建设工作。通过这一阶段的探索实践，项目目前已完成了永昌路、保岫东路、青堡路（象山路—沙丙管廊）3 条干线管廊（共计 22.4 km）以及 1 号监控中心的土建工程。在项目全部采用 PPP 模式运作后，上一阶段的设备采购及安装调试、验收、资产评估、协议转让等工作，与综合管廊后续建设工作同步进行，于 2018 年整体投入项目运营。

1.3.2 工程内容

保山中心城市综合管廊建设范围主要有“三横四纵”干线综合管廊、支线综合管廊及缆线沟三种形式，本次设计共建设干线综合管廊 49.37 km，支线综合管廊 36.86 km，共计 86.23 km，以及 3 座监控中心。满足区域主干线路（给水、排水、再生水、电力、通信等管线、线缆、燃气仓）的敷设需求，同步配套给排水、照明、检测、监控、消防、通风等设施。如图 1-1 所示。

管廊平面定位设计：本工程综合管廊分段布设于道路中央绿化带和道路路侧绿化带，进、排风口及吊装口等露出地面部分位于绿化带内。各综合管廊的标准横断面包括单仓、双仓、三仓、四仓等四种标准横断面。

图 1-1　保山中心城市地下综合管廊区位图

1.3.3　地理位置

保山市地处云南省西部，位于东经 98°25′ ~ 100°02′、北纬 24°08′ ~ 25°51′之间。东与临沧市接壤，北与怒江傈僳族自治州为邻，东北与大理白族自治州交界，西南与德宏傣族景颇族自治州毗邻，正南与西北接缅甸，拥有国境线 167.78 km。保山地处滇西各州市的地理中心，位于我国通向缅甸中心城市曼德勒和印度城市加尔各答的主要通道上，是通向缅甸和印度的最便捷可行的通道前沿，是滇缅公路、中印公路的交叉点，在历史上就是对外贸易通道的交通枢纽。

1.3.4 自然条件

1. 地形地貌

保山市地处横断山脉滇西纵谷南端，境内地形复杂多样：坝区占 8.21%，山区占 91.79%。整个地势自西北向东南延伸倾斜，最低海拔 535 m，最高海拔 3 780.9 m，平均海拔 1 800 m 左右。其最高点为腾冲县境内的高黎贡山大脑子峰，海拔 3 780.9 m。最低点为龙陵县西南与潞西市交界处的万马河口，海拔 535 m。在群山之间，镶嵌着大小不一的 78 个山间盆地，最大的保山坝子，面积 149.9 km^2。

2. 地质概况

该区位于三江褶皱带西翼，即怒江大断裂以东，澜沧江大断裂以西之保山断陷盆地内。据云南省地矿局 1/20 万地质资料，保山盆地属径向构造体系之保山—施甸南北向构造带。该带以保山坝子为中心，一系列线性构造环绕其周围，总体上组成一近菱形的构造形象，其长轴方向近南北向。从地质构造分析，这一地区为复背斜（西部）和复向斜（东部）构造，在经向构造体系应力场的制约、迭加和改造，形成了东西两个密集的弧形构造带。东边为水寨—丙麻—木老园构造亚带，西边为沙河厂—何元寨南北向构造亚带。

由于长期强烈的构造应力作用，本区断裂广泛发育，加之脆性碳酸盐岩在此区集中分布，故地层的连续性差，褶曲保存不完好。保山盆地为一断陷盆地，盆地呈 NNE—SSW 向展布，南北方向长约 24 km，东西方向宽 6 ~ 10 km。东河从盆地中心自北向南流过，该河为澜沧江支流，河两岸为舒缓地貌，盆地东西两边地势均向东河缓倾斜，由于东西向水系发育，又把盆地两边分成块段。

保山盆地四周为波状起伏低中山地形，标高 1 800 ~ 2 100 m，与盆地比高小于 500 m。在盆地内沉积有第三系（N）含煤系地层。据滇、黔、桂石油勘探队资料，在盆地中心含煤系地层厚度可达 2 000 m 以上，在盆地上部堆积有第四系粗细相间冲洪积、冲湖积相地层。据地方勘探资料，第四系地层厚度超过 80 m。

3. 地震效应

按地质区域划分，场地处兰坪—保山地震带上，带内主要震区分布在六库、永平、保山丙麻及其以西地段。西侧为腾冲—龙陵地震区，历史上和近期均发生过多次强烈地震，东侧为中甸—大理—弥渡地震带，历史上亦发生过多次地震，兰坪—保山地震带位于澜沧江断裂及怒江断裂之间，场地处保山—永德上升区，和东西相比，其活动强度较弱，属区域地壳次不稳定区。本项目的抗震设防按《中国地震动参数区划图》规定的参数确定。按基本烈度 8 度设防。

4. 水文水资源

保山市河流分别属于澜沧江、怒江、伊洛瓦底江三大流域，均为国际河流。伊洛瓦底江流域的大盈江和瑞丽江两大水系干流发源于保山市西北部，澜沧江和怒江干流为过境河流。保山市境内集水面积 1 000 km^2 以上的河流 6 条，集水面积在 100 到 1 000 km^2 之间的河流 43 条，主要支流中右甸河属澜沧江流域，勐波罗河和大勐统河属怒江流域，槟榔江为大盈江上游，龙江（龙川江）为瑞丽江上游，叠水河大盈江左岸支流南底河上游。

5. 气候特征

保山属低纬山地亚热带季风气候，由于地处低纬高原，地形地貌复杂，形成“一山分四季，十里不同天”的立体气候。气候类型有北热带、南亚热带、中亚热带、北亚热带、南温带、中温带和高原气候共 7 个气候类型。其特点是：年温差小，日温差大，年均气温为 14 ~ 17 °C；降水充沛、干湿分明，分布不均，年降雨量 700 ~ 2 100 mm。保山是“春城”。保山城依山骑坝，日照充足，年平均气温 15.5 °C，最冷月平均气温 8.2 °C，最热月平均气温 21 °C，夏无酷暑，冬无严寒，四季如春。

第二篇

常规施工技术篇

第2章

城市地下综合管廊基坑施工技术

2.1 拉森钢板桩支护技术

在综合管廊周边民房密集及地下存在管网分布地段，周边环境复杂，基坑开挖深度深，基坑两侧采用拉森钢板+型钢腰梁+格构立柱竖向支撑+钢管横支撑。基坑中央位置采用长螺旋灌注桩作为格构立柱桩，如图 2-1 所示。

长螺旋灌注桩设计参数：桩身混凝土强度为 C30，有效桩长 5 m，桩径 800 mm。主筋 12⌀20，箍筋 ϕ8@200。

格构立柱设计参数：采用 4 根 L140×14 与-12×400×200 钢板焊接成矩形断面的立柱。

拉森钢板桩设计参数：SP-IV 型拉森钢板+H400×400×13×21 型钢腰梁+ϕ609×16 钢管横支撑@6 m。

2.1.1 长螺旋灌注桩施工技术

1. 长螺旋灌注桩施工工艺与顺序

平整场地→桩位放样→组装设备→钻机就位→钻至设计深度停止钻进→清理孔边土→边提升边用混凝土泵经由桩机内腔向孔内泵注混凝土→提出钻杆放入钢筋笼→成桩→桩头处理。长螺旋灌注桩施工工艺流程如图 2-2 所示。

2. 长螺旋灌注桩施工方法

（1）钻机就位

每根桩就位前应核对图纸与桩位，确保就位符合设计要求。钻机必须铺垫平稳，确保机身平整，钻杆垂直稳定牢固，钻头对准桩位。钻尖与桩点偏移不得大于 10 mm。垂直度控制在 1%以内。

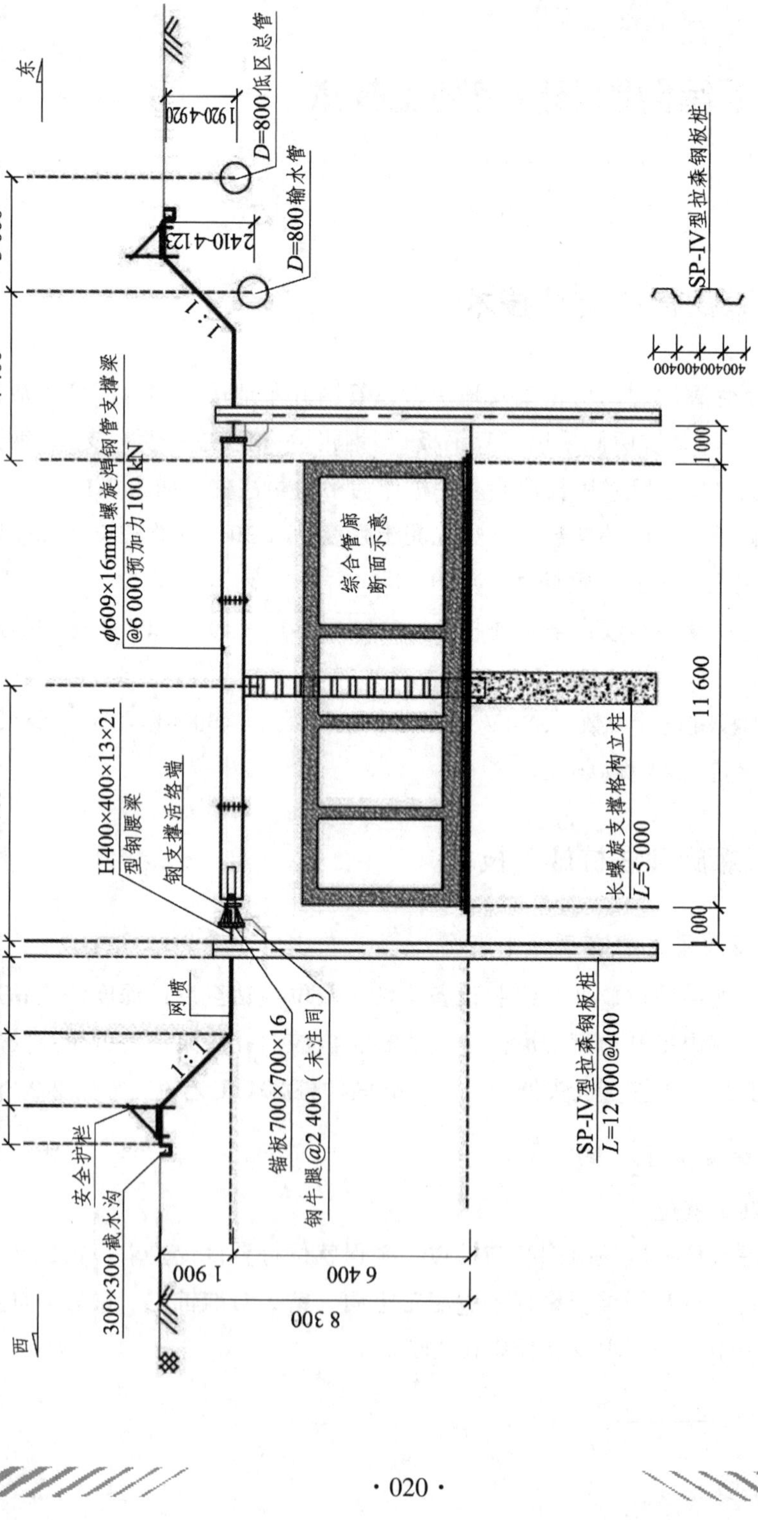

图 2-1　钢板桩支护示意图

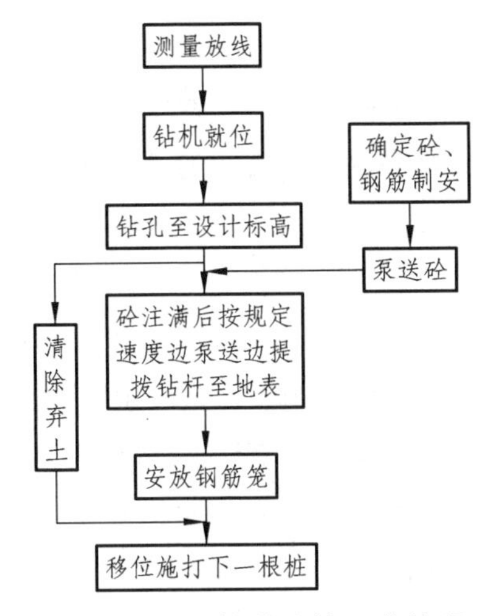

图 2-2　长螺旋灌注桩工艺流程

（2）开钻、清泥

开钻前必须检查钻头上的契形出料口是否闭合，严禁开口钻进，钻头直径按设计要求，钻尖接触地面时，下钻速度要慢，钻进速度为 1.0 ~ 1.5 m/min 或根据试桩确定。成孔过程中，一般不得反转和提升钻杆，如需提升钻杆或反转应将钻杆提升至地面，对钻尖开启门须重新清洗、调试、封口。进入软硬层交界时，应保证钻杆垂直，缓慢进入。在含有杂填土层或含水量较大的软塑性土层钻进时，应尽量减少钻杆晃动，以免孔径变化异常。钻进时注意电流变化状态。电流值超越操作规程时，应及时提升排土，直至电流变化为正常状态，钻出的土应随钻随清，钻至设计标高时，应将钻杆周围土方清除干净。钻进过程中应随时检查钻杆垂直度，确保钻杆垂直，并做好记录。

（3）终孔验收

钻到设计标高后，应由质检、监理、建设单位代表人员进行终孔验收，经验收合格并做好记录后，进行浇灌混凝土作业。

（4）混凝土搅拌

混凝土的强度等级按设计要求，采用商品混凝土。

（5）泵送混凝土

输送泵与钻机距离一般应控制在 30 m 以内。混凝土的泵送要连续进行，当钻机移位时，输送泵内的混凝土应连续搅拌。泵送混凝土时，应保持斗内混凝土的高度不得低于 40 cm。

（6）压灌成桩

成孔至设计深度后开启定心钻尖，接着压入混凝土，而后边压灌边提钻，直至形成素混凝土桩。压灌混凝土的提钻速度由桩径直径、输灰系统管线长度、内径尺寸、单台搅拌机一次输灰量在孔中的灌入高度、供灰速度等因素确定。压灌与钻杆提升配合好坏，将严重影响桩的质量，如钻杆提升晚将造成活门难以打开，致使泵压过大，憋破胶管，如钻杆提升快将使孔内产生负压，流砂涌入产生沉渣而影响桩的施工质量，因此要求压灌与提升的配合要恰到好处。一般提升速度为 2 m/min 或现场试桩确定。利用专用的钢筋笼放送装置，将预先制好的钢筋笼送放到素混凝土桩中直至设计标高；边振动边提拔钢筋笼放送装置，并使桩身混凝土振捣密实。

2.1.2 拉森钢板桩施工技术

1. 钢板桩施工工艺与顺序

测量放线→挖槽→打钢板桩→降水→第一层土方开挖→第一层内支撑安装→第二层土方开挖→人工清理基底及桩间土→垫层→防水施工→主体结构施工→回填土方→拔出钢板桩。

2. 钢板桩施工方法

如图 2-3。

图 2-3 钢板桩施工现场示意图

（1）钢板桩吊运及堆放

装卸钢板桩宜采用两点吊。吊运时，每次起吊的钢板桩根数不宜过多，注意保护锁口免受损伤。钢板桩应堆放在平坦而坚固的场地上，必要时对场地地基土进行压实处理。在堆放时要注意以下三点：堆放的顺序、位置、方向和平面布置等应考虑到以后的施工方便；钢板桩要按型号、规格、长度、施工部位分别堆放，并在堆放处设置标牌说明；钢板桩应分别堆放，每层堆放数量一般不超过 5 根，各层间要垫枕木，垫木间距一般为 3 ~ 4 m，且上、下层垫木应在同一垂直线上，堆放的总高度不宜超过 2 m。

（2）振动沉桩

施工机械采用 25T 汽车吊，配合 KATO-1250 履带式打桩机施工。

单桩打入法以一块或两块钢板为一组，从一角开始逐块插打，直至工程结束，这种打入方法施工简便，可不停顿地打，桩机行走路线短，速度快。但单块打入易向一边倾斜，误差积累不易纠正，墙面平直度难控制。先用吊车将钢板桩吊至插点处进行插桩，插桩时锁口要对准，每插入一块即套上桩帽，轻轻加以锤击。在打桩过程中，为保证钢板桩的垂直度，用两台经纬仪在两个方向加以控制。在钢板桩施工中，为保证沉桩轴线位置的正确和桩的竖直（即桩顶、桩底标高），控制桩的打入精度，防止板桩的屈曲变形和提高桩的贯入能力，一般都需要设置一定刚度的、坚固的导向架，亦称“施工围檩”。为防止锁口中心线平面位移，可在打桩进行方向的钢板桩锁口处设卡板，阻止板桩位移，同时在围檩上预先算出每块板桩的位置，以便随时检查校正。开始打设的一、二块钢板桩的位置和方向应确保精度，以便起到样板导向作用，故每打入 1 m 应测量一次，打至预定深度后应立即用钢筋或钢板与围檩支架焊接固定。钢板桩的转角和封闭合拢。由于板桩墙的设计长度有时不是钢板桩标准宽度的整数倍，或板桩墙的轴线较复杂，或钢板桩打入时倾斜且锁口部有空隙，这些都会给板桩墙的最终封闭合拢带来困难，可采用轴线修整法解决。

轴线修整法通过对板桩墙闭合轴线设计长度和位置的调整，实现封闭合拢，封闭合拢处最好选在短边的角部。

（3）土方开挖

施工前提前关注天气预报，避免在雨天施工。土方开挖应配合内支撑的安装进行出土，每个工作面采用长臂挖机于基坑顶作业，应考虑到：长臂挖机旋转速率小，装土速度慢；要配合内支撑施工，挖土效率大大降低；土方直接堆放在基坑会对内支撑施加巨大侧压力，影响基坑支护安全，土方必须全部外运。经计算，每台长臂挖机每小时出土量约 30 m^3，夜间施工时出土量更少。由于以上原因，每工作面配备 1 m^3 斗容量长臂挖机 3 台、装载机 2 台，24 小时不间断施工。

人工清理桩间土，桩槽间土宽度为 35 cm，深度为开挖深度，清除桩间土之后集中由长臂挖机装土，自卸封闭汽车运至 10 km 外。此工序功效最低（只为正常功效的 1/4），施工机械降效最大，必须配备足够的人员及施工机械。考虑以上因素，计划每工作面每班配备工人 10 人，配备长臂挖机 1 台，配备自卸封闭汽车 3 台，24 小时不间断施工。土方开挖完成后，立即排除积水，基坑底部四周修 300×200 沟槽，积水通过沟槽汇集到集水坑，采用抽水机进行排水，基坑平整夯实后及时浇筑砼垫层进行固化保护。

（4）内支撑安装

基坑内侧共设置一道围檩及横向和纵向内支撑。围檩采用 H400×400×13×21 型钢腰梁，竖向支撑采用 4 根 L140×14 与-12×400×200 钢板焊接成矩形立柱，横撑采用 ϕ609×16 钢管横支撑@6m。

（5）基坑排水降水

① 基坑止水

主要以钢板拉森桩阻水，其余渗透水主要以明沟梳理，积水井抽水排放。

② 基坑降水

根据地勘资料，本施工路段场地现场局部开挖施工过程中可见有地下水涌出，土方开挖过程中采用集水井进行排水，基坑底两侧梳理明沟汇集到集水井进行排出。

③ 箱涵坑槽内基坑槽顶排水

做好施工临时排水设施，基坑开挖前在上方做截水沟，原地面排水，要结合永久性排水设施进行。沿基坑开挖面放好开挖边线，基坑边表土卸载 1 400 深，在基坑顶部沿开挖边线做 200×200 砖砌排水沟，用以拦截地表水及集水井抽水排入。

（6）拔　桩

① 拔桩顺序

对于封闭式钢板桩墙，拔桩的开始点离开桩角 5 根以上，必要时还可间隔拔除。拔桩要点：拔桩时，可先用振动锤将板桩锁口振活以减小土的阻力，然后边振边拢。对较难拔出的板桩可先用柴油锤将桩振打下 100 ~ 300 mm，再与振动锤交替振打、振拔。为及时回填拔桩后的土孔，在把板桩拔至此基础底板略高时（如 500 mm）暂停引拔，用振动锤振动几分钟，尽量让土孔填实一部分；起重机应随振动锤的起动而逐渐加荷，起吊力一般略小于减振器弹簧的压缩极限；供振动锤使用的电源应为振动锤本身电动机额定机功率的 1.2 ~ 2.0 倍；对引拔阻力较大的钢板桩，采用间歇振动的方法，每次振动 15 min，振动锤连续工作不超过 1.5 h。

② 桩孔处理

钢板桩拔除后留下的土孔细沙应及时回填处理，特别是周围有建筑物、构筑物或地下管线的场合，尤其应注意及时回填，否则往往会引起周围土体位移及沉降，并由此造成临近建筑物等的破坏。

2.2　放坡开挖支护技术

在部分综合管廊地段，基坑周围环境简单。但是管廊段基坑开挖深度较深，基坑两侧采用放坡+钢管土钉注浆进行加固处理，放坡坡比、土钉长度和间距等设计参数根据计算确定，见图 2-4 所示。

放坡系数：基坑开挖深根据设计具体确定基坑底，坑底预留工作面宽 0.8 ~ 1 m。

土钉设计参数：采用 Φ48×3.5 钢管土钉，长计算确定，成孔直径 100 mm，倾角 15° ~ 20°。

网喷设计参数：钢筋网片采用 Φ6.5@200，混凝土采用 C20，厚度 100 mm。

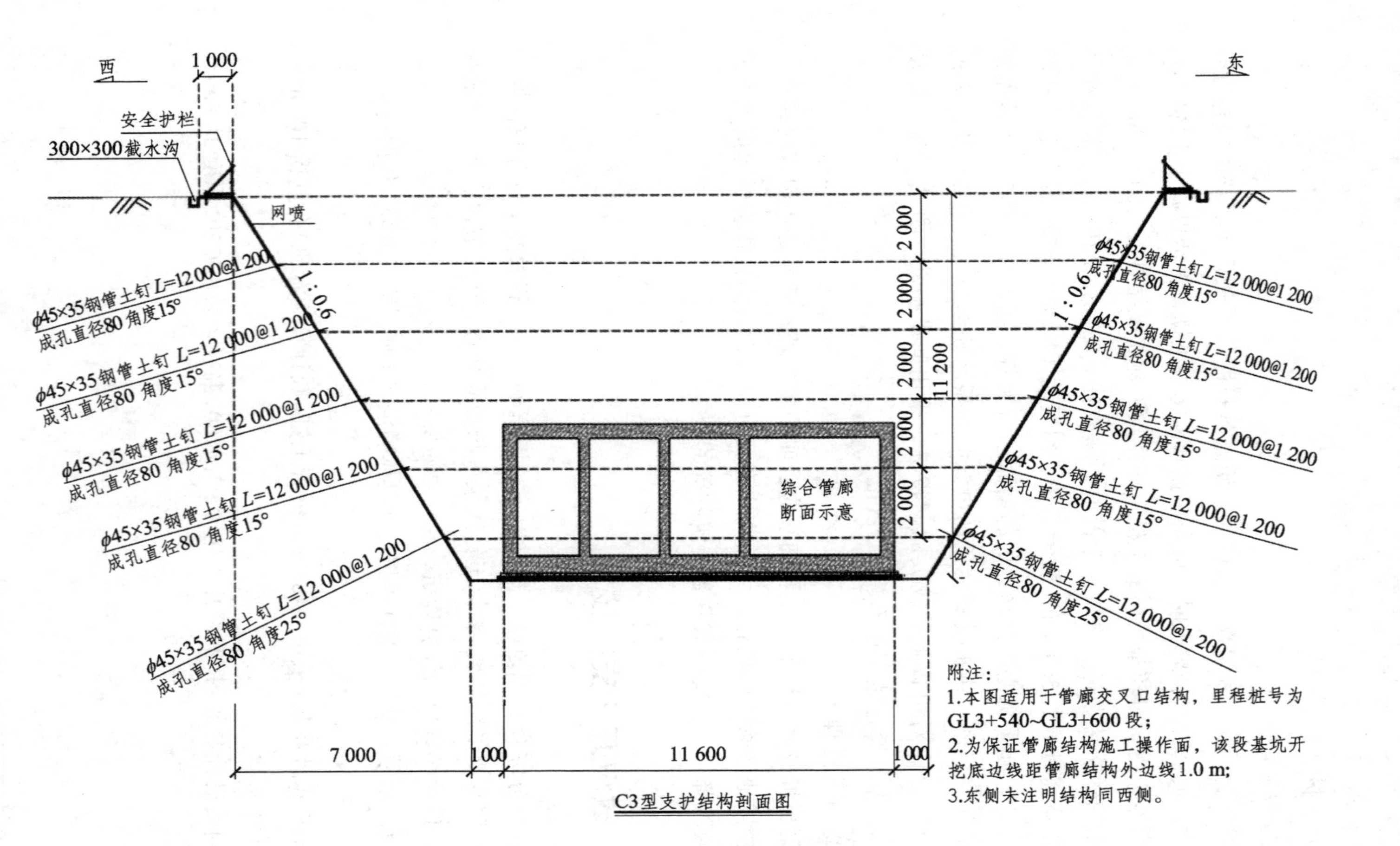

西
东
1 000
安全护栏
300×300截水沟
网喷
1 : 0.6
1 : 0.6
ϕ45×35钢管土钉 L=12 000@1 200
成孔直径80 角度15°
ϕ45×35钢管土钉 L=12 000@1 200
成孔直径80 角度15°
ϕ45×35钢管土钉 L=12 000@1 200
成孔直径80 角度15°
ϕ45×35钢管土钉 L=12 000@1 200
成孔直径80 角度15°
ϕ45×35钢管土钉 L=12 000@1 200
成孔直径80 角度25°
综合管廊
断面示意
2 000
2 000
2 000
2 000
2 000
11 200
7 000
1 000
11 600
1 000
附注：
1.本图适用于管廊交叉口结构，里程桩号为GL3+540~GL3+600段；
2.为保证管廊结构施工操作面，该段基坑开挖底边线距管廊结构外边线1.0 m;
3.东侧未注明结构同西侧。
C3型支护结构剖面图

图 2-4　放坡开挖示意图

2.2.1 土方开挖施工

因工期紧，必须采取分区平行流水施工的措施方能按期完工。根据工程情况深基坑位置不在一个位置，可同时施工，施工前提前关注天气预报，避免在雨天施工。

放坡段挖土（以挖深 8.5 m 为例）如下所述。

第一层掘土至路床标高后，进行施工测量放线（确定沟槽开挖边线）。沟槽开挖过程中将边坡修整好，第一层土开挖深度为 2.0 m，视土层结构情况及地下水标高，一般不宜超挖。东环路地质条件较差，沟槽挖土应按照分层（每层厚度≤2 m）、分段开挖方式（每段长度 30 m）。现况土质为微膨胀土且地表水多、土体含水率高，不具备重车通行条件，在开挖段填筑 6 m 宽、0.6 m 厚土夹石+0.3 m 厚级配碎石便道，用挖掘机接力甩土方式将土甩出基坑，并用装载机将土运至基坑外安全部位堆放晾晒，待土中含水率小于 20%后再用挖机装自卸汽车外运。土方开挖做到随时开挖随时支护，随时喷射混凝土，在完成上层作业面的锚杆与混凝土以前，不得进行下一层土的开挖。锚杆施工，采用ϕ48 钢管，钻机成孔后安置锚杆，成孔直径 80 mm，锚杆注浆水泥平均用量≥70 kg/m。锚杆注浆浆体采用纯水泥浆，水泥使用强度等级为 PS42.5 的矿渣硅酸盐水泥，水灰比为 0.5，注浆压力 0.3 ~ 0.5 MPa，浆体强度不小于 M15，注浆完毕养护至 75%设计浆体强度以上。挂钢筋网进行喷锚，喷锚混凝土强度等级为 C20，喷锚厚度为 10 cm，喷锚完成并达到设计强度后，再进行下层土方开挖。

第二层掘土，从喷锚完成的边坡位置进行第二次挖土，按照第一次挖土的流程，开挖深度≤2 m。为避免边坡受地下水影响，第二层土开挖速度要快，开挖之前先关注本地天气预报，边坡不能受大雨冲刷。在开挖层填筑 6 m 宽、0.6 m 厚土夹石+0.3 m 厚级配碎石便道，按第一层挖土方法进行土方挖运。边坡开挖完成后，锚杆施工，采用ϕ48 钢管，钻机成孔后安置锚杆，成孔直径 80 mm，锚杆注浆水泥平均用量≥70 kg/m。锚杆注浆浆体采用纯水泥浆，水泥使用强度等级为 PS42.5 的矿渣硅酸盐水泥，水灰比为 0.5，注浆压力 0.3 ~ 0.5 MPa，浆体强度不小于 M15 注浆完毕养护至 75%设计浆体强度以上，挂钢筋网进行喷锚，上下层钢筋网片绑扎搭接长度不小于 300 mm。喷锚混凝土强度等级为 C20，喷锚厚度为 10 cm，喷锚完成并达到设计强度后，再进行下层土方开挖。

第三层掘土，从喷锚完成的边坡位置进行第三次挖土，挖土至距设计基坑底标高 0.3 m 的位置，预留 30 cm 土人工进行清理，人工将松散的土全部清除，在开挖层填筑 6 m 宽，0.6 m 厚土夹石+0.3 m 厚级配碎石便道，用挖掘机接力甩土方式将土甩出基坑，并用装载机将土运至基坑外安全部位堆放晾晒，待土中含水率小于 20%后再用挖机装自卸汽车外运。边坡开挖完成后，锚杆施工，采用ϕ48 钢管，锤击击入，成孔直径 80 mm，锚杆注浆水泥平均用量≥70 kg/m。锚杆注浆浆体采用纯水泥浆，水泥使用强度等级为 PS42.5 的矿渣硅酸盐水泥，水灰比为 0.5，注浆压力 0.3 ~ 0.5 MPa，浆体强度不小于 M15，注浆完毕养护至 75%设计浆体强度以上，挂钢筋网进行喷锚，下层钢筋网片绑扎搭接长度不小于 300 mm。喷锚混凝土强度等级为 C20，喷锚厚度为 10 cm，喷锚完成并达到设计强度后，开始施工管廊基础。

2.2.2 钢管土钉支护施工技术

（1）钢管土钉支护施工顺序

测量放线→第一层基坑开挖→第一层边坡支护→第二层基坑开挖→第二层边坡支护→第三层基坑开挖→第三层边坡支护→第四层基坑开挖→第四层边坡支护→基坑支护验收。每层开挖深度按照钢管锚杆垂直高度 2 m 来定。

（2）钢管土钉支护工艺流程（图 2-5）

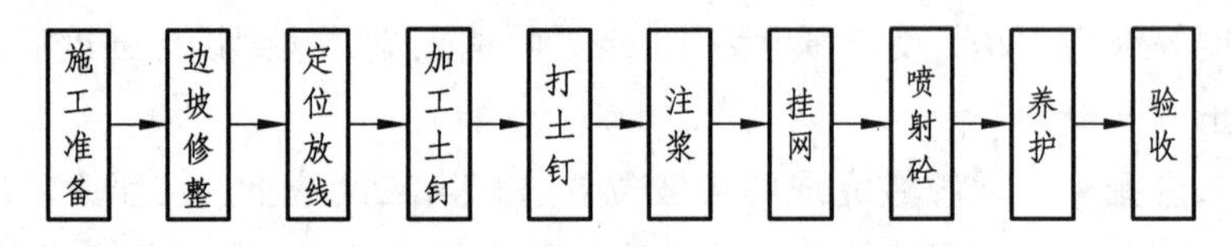

图 2-5　钢管土钉支护施工工艺流程图

（3）钢管土钉支护方法

① 施工准备

提前做好基坑边坡围挡及边坡开挖线的放线工作。坡顶先做好排水沟和坡顶网喷工作。

② 边坡修整

作业人员跟班与挖土机械配合作业，用铲锹进行切削清坡，把松散、不平整的位置采用人工清理，以保证喷射混凝土面层基层质量。

③ 孔位放线

由测量员对钢管土钉孔位进行定位放线。

④ 加工钢管土钉

钢管土钉采用 Φ48×3.5 钢管制成，钢管外壁焊 L25 角钢形成倒刺。间距 500 mm。

⑤ 把加工好合格的土钉按照设计孔位、角度打入边坡土体

⑥ 注　浆

采用搅拌机造浆，采用 PS42.5 矿渣硅酸盐水泥，应严格控制水灰比为 W/C=0.5；注浆采用注浆泵，注浆时将导管缓慢均匀拔出，但出浆口应始终处于孔中浆体表面之下，保证孔中气体能全部排出。

⑦ 挂　网

钢筋网片用插入土中的钢管固定，与坡面间隙 3 ~ 4 cm，不应小于 3 cm，搭接时上下左右一根对一根搭接绑扎，搭接长度 420 mm。钢筋网片借助于加强筋与钢管土钉焊接成一个整体。

⑧ 喷射混凝土

喷射砼顺序采用“先锚后喷”，喷射作业时，空压机风量不宜小于 9 m^3/min，气压 0.2 ~ 0.5 MPa，喷头水压不应小于 0.15 MPa，喷射距离控制在 0.6 ~ 1.0 m，通过外加速凝剂控制砼初凝和终凝时间在 5 ~ 10 min，喷射厚度 100 mm。

⑨ 养　护

养护采用洒水养护。养护时间不少于 7 d。

⑩ 验　收

养护结束后立即组织各相关单位进行验收。

2.2.3　锚杆网喷支护施工技术

（1）锚杆网喷支护施工工艺

锚杆：土方开挖→修整边坡→测放锚杆位置→钻机就位→钻孔至设计深度→插拉杆→压力灌浆→移至下一孔位。

立面喷射砼：立面平整→绑扎钢筋网片、干配混凝土料（钢筋网片伸出基坑顶 1.5 m 与土体固定）→依次打开电、风、水开关→进行喷射混凝土→混凝土面层养护。

（2）具体施工方法

① 挖土及修坡

基坑挖土应按照分层、分段方式开挖。由于现况土质为微膨胀土，而且地表水多，土体含水量大，重车不具备通行条件，在开挖段填筑 6 m 宽、两条 600 mm 厚土夹石便道,用 4 台挖掘机采用接力甩土方式将土方甩出基坑后用装载机将土运至基坑外安全部位堆放晾晒，待土体中含水量小于 20%再用挖机装自卸汽车外运至弃土场倒弃。土方开挖做到随时开挖随时支护，随时喷射混凝土，在完成上层作业面的锚杆与混凝土以前，不得进行下一层土的开挖。

基坑土方开挖及支护遵循“开槽支撑，先撑后挖，分层开挖，严禁超挖”的原则,开挖深度超过 4 m 的基坑采用分层开挖,每层开挖深度不得超过 4 m。每层开挖后在边坡留设 1.5 m 宽平台。管廊标准段长度为 20 m，基坑分段开挖长度按 30 m，沿长方向分段依次退挖。

② 钻　孔

采用干作业法钻孔时，要注意钻进速度，避免“别钻”。要把土充分倒出后再拔钻杆，这样可减少孔内虚土，方便钻杆拔出。采用湿作业法成孔时，要注意钻进时要不断供水冲洗，始终保持孔口水位，并根据地质条件控制钻进速度，一般以 300 ~ 400 mm/min 为宜，每节钻杆钻进后在接杆前，一定要反复冲洗，直至益出清水。在钻进过程中随时注意速度、压力及钻杆平直，待钻至规定深度后继续用水反复冲洗钻孔中泥砂，直至溢出清水为止，然后拔出钻杆。钻进时要比设计深度多 100 ~ 200 mm，以防深度不够。

③ 锚杆安设

锚杆应由专人制作，接长采用电弧焊。为使锚杆置于孔的中心，应按设计要求焊接支撑环，钻孔后应立即插锚杆以防塌孔。

④ 灌　浆

灌注材料采用水泥浆，水灰比为 0.5，采用 PS42.5 普通硅酸盐水泥，为加快凝固，可掺速凝剂，但使用要搅拌均匀，整个浇注过程要在 4 min 内完成。每次注浆完毕，应用清水通过注浆枪冲洗管路，以便下次注浆时能够顺利进行。

⑤ 喷射混凝土

按照设计要求修整边坡，坡面的平整度允许偏差为±20 mm，喷射前松动部分应予以清除。锚杆墙顶的地面应做混凝土护面，宽度按 1.5 m，在坡顶和坡脚基坑内分别设置截水沟、排水沟和集水井，形成三级排水系统，确保基坑安全。喷射混凝土应搭设钢管脚手架操作平台并满铺跳板。

在喷射混凝土前，面层内的钢筋网片应牢固固定在边坡壁上，并应符合下列要求：钢筋使用前必须调直、除锈。钢筋与坡面的间隙不应小于 20 mm，符合保护层要求，可用短钢筋插入土中固定。钢筋网片采用绑扎方式，网格允许偏差 10 mm，钢筋搭接长度不小于一个网格的边长，并不小于 300 mm，喷射混凝土的厚度为 100 mm，强度等级为 C20，水灰比 0.5，现场过磅计量。喷射作业应分段、分片进行，同一段应自下而上，喷头与受喷面距离宜控制在 0.8 ~ 1.5 m 范围内，射流方向垂直指向喷射面。为保证喷射混凝土厚度达到规定值，可在边壁上垂直插入短钢筋作为标志。喷射混凝土终凝 2 h 后，应进行养护。

2.3　钢筋混凝土桩支护施工技术

钢筋混凝土支护桩+挂网喷砼支护设计参数：桩径 800 mm，桩距 1.5 m，采用 C30 细石混凝土，主筋 18⌀20，加强箍采用 ⌀16@2 000，箍筋采用 Φ8，其中桩长 15 ~ 18 m。桩顶设置 600 mm×900 mm 冠梁连接，腰梁采用 H400×400×13×21 型钢，对撑采用 Φ609×16 mm 螺旋焊钢管支撑梁，间距 6 m，桩间采用挂网喷砼，砼为 C20，厚 9 cm。

长螺旋灌注桩施工，施工流程如下：长螺旋灌注桩施工准备→根据施工图及高程放设桩位坐标→支护桩施工→冠梁施工→挖土及焊接支撑系统（支护桩强度达到设计强度 85%）→挂网喷砼→主体结构施工→基坑回填。

2.3.1　钢筋混凝土桩支护施工

1. 施工准备

平整施工场地。桩机工作面铺垫：铺垫 60 cm 砖渣，宽度 9 m，保证桩机行走平稳。

2. 长螺旋灌注桩施工

长螺旋混凝土灌注桩是利用长螺旋钻机钻孔至设计标高，停钻后在提钻的同时通过设在内管钻头上的混凝土孔，压灌混凝土，压灌至设计桩顶标高后，移开钻杆将钢筋笼压入桩体。在压灌混凝土到桩顶时，灌入的混凝土要超出桩顶 50 cm，以保证桩顶混凝土强度。

长螺旋灌注桩施工工艺：定桩位、复核→钻机就位→钻进至设计深度→终孔验收→灌注混凝土→清土提升钻杆→混凝土灌注至设计桩顶上 500 mm→起吊钢筋笼、振动锤→启动振动锤、下插钢筋笼→钢筋笼插至设计标高→转移钻机循环下个桩位→施工完成→桩基检测。

（1）测量放线定位

复核建设单位提供的测量控制点符合要求后，测放出各桩桩位，拼装好桩机就位。根据预先测设的测量控制网（点），定出各桩位中心点。双向控制定位后埋设钢护筒并固定，以双向十字线控制桩中心。长螺旋开钻前必须先校核钻头和垂直度的中心是否与桩位中心重合。在施工过程中还须经常校核桩身垂直度是否发生变化，以保证孔位的正确。

（2）桩机就位

将就位的桩机用线锤吊线对中，调整桩机位置直到钻孔中心与桩位中心重合为止；必须保持平稳，不发生倾斜、位移，为准确控制钻孔深度，在机架上或机管上作出控制的标尺，以便在施工中进行观测、记录。

（3）钻　孔

钻头刚接触地面时，先关闭钻头封口，钻机定位后，应进行复检。钻头与桩位点偏差不得大于 20 mm，开孔时下钻速度应缓慢，钻进过程中，不宜反转或提升钻杆。正常钻进速度可控制在 1 ~ 1.50 m/min，钻进过程中，如遇到卡钻、钻机摇晃、偏移，应停钻查明原因，采取纠正措施后方可继续钻进。钻孔作业应分班连续进行，认真填写钻孔施工记录，交接班时应交待钻进情况及下一班注意事项。应经常注意土层变化，在土层变化处均应捞取土样，判明后记入记录表中并与地质剖面图核对。

（4）钻出的土方及时清理，并统一转移到指定的地方堆放

（5）终　孔

钻孔到达设计标高时，经设计、建设、监理、施工等单位的代表按有关验收条件和设计要求进行验收，被确认终孔后，方可停止钻进。

（6）混凝土浇筑

混凝土必须符合设计及规范要求，混凝土坍落度应控制在 180 ~ 220 mm 并具有较好的和易性、流动性。现场检验混凝土坍落度，不合格的混凝土不得用于本工程。为确保混凝土的质量，向导管灌注混凝土时采用混凝土泵输送。混凝土泵型号应根据桩径选择，混凝土输送泵管布置宜减少弯道，混凝土泵与钻机的距离不宜超过 60 m。桩身混凝土的泵送压灌应连续进行，当钻

机移位时，混凝土泵料斗内的混凝土应连续搅拌。泵送混凝土时，料斗内混凝土的高度不得低于 400 mm。钻至设计标高后，先泵入混凝土并停顿 10～20 s，再缓慢提升钻杆。提钻速度应根据土层情况确定，且应与混凝土泵送量相匹配，保证管内有一定高度的混凝土。施工时应按桩顶的设计标高掌握好混凝土的灌注量，使之既保证凿除桩顶浮浆层后混凝土的质量，又不至于凿去太多而造成浪费，超灌高度宜为 0.5 m。提升钻杆接近地面时，放慢提管速度并及时清理孔口渣土，以保证桩头混凝土质量。有专人负责观察泵压与钻机提升情况，钻杆提升速度应与泵送速度相匹配，灌注提升速度控制在 2.5 m/min，严禁先提钻后灌料，确保成桩质量，混凝土灌注必须灌注至地表。每台桩机每台班制作试块一组，并由专人负责，按规范要求制作、养护和送检，龄期 28 d。混凝土压灌结束后，应立即将钢筋笼插至设计深度。钢筋笼插设宜采用专用插筋器。

（7）钢筋笼制作

必须符合设计要求和钢筋砼施工规范要求。钢筋笼所有焊缝采用手工焊，焊条为 E50 型。纵向钢筋的接长采用焊接，纵横钢筋交接处均应焊牢。钢筋骨架制作完毕后，应按桩分节编号存放；存放时，小直径桩堆放层数不能超过两层，大直径桩不允许堆放，防止变形；存放时，骨架下部用方木或其他物品铺垫，上部覆盖。

（8）钢筋笼安装

将长螺旋施工灌注与下钢筋笼一体化，砼灌注后 3 min 内立即开始插笼，减少时间差，减小插笼难度。长螺旋钻机成孔、灌注混凝土至地面后及时清理地表土方，立即进行后插钢筋笼施工。把检验合格的钢筋笼套在钢管上面，上面用钢丝绳挂在设置于法兰的钩子上。因钢筋笼较长，下插钢筋笼必须进行双向垂直度观察，使用双向线垂成垂直角布置，发现垂直度偏差过大及时通知操作手停机纠正，下笼作业人员应扶正钢筋笼对准已灌注完成的桩位。下笼过程中必须先使用振动锤及钢筋笼自重压入，压至无法压入时再启动振动锤，防止由振动锤振动导致的钢筋笼偏移，插入速度宜控制在 1.2～1.5 m/min。钢筋笼下插到设计位置后关闭振动锤电源，最后摘下钢丝绳，用汽车吊把钢管和振动锤提出孔外，提出过程中每提 3 m 开启振动锤一次，以保证混凝土的密实性。

（9）桩头清理

成桩后，在不影响后续成桩的前提下，及时组织设备和人员清运打桩弃土，清土时需注意保护完成的桩体及钢筋笼，弃土应堆放至指定地点，确保施工连续进行。

2.3.2 冠梁与内支撑施工

桩顶设置 600 mm×900 mm 冠梁连接，内支撑采用 Φ609×16 mm 螺旋焊钢管支撑梁对撑，腰梁采用 H400×400×13×21 型钢，间距 4 m。节点处腰梁的翼缘和腹板均应加焊加劲板。钢牛腿与钢筋砼桩连接采用植筋，植筋采用 3Φ25@100，钢筋植入深度 40 cm，与牛腿焊接连接，如图 2-6 所示。

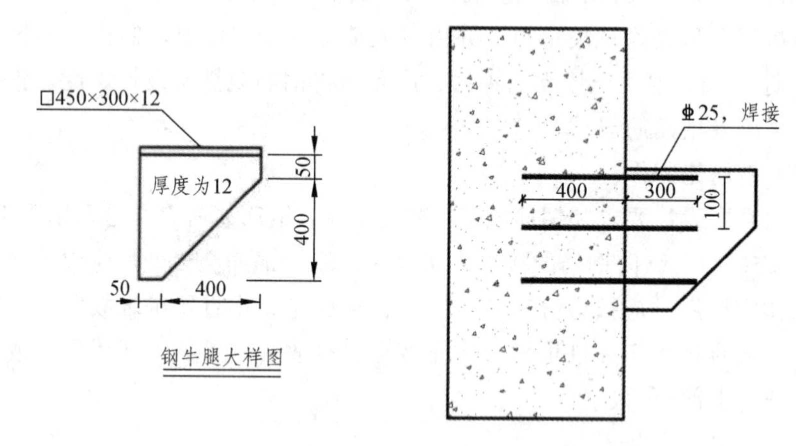

图 2-6　牛腿与钢筋砼桩连接大样图

1. 施工准备

为确保基坑安全施工，采用信息化指导挖土及支撑施工，严格遵循基坑工程十六字方针，即“开槽支撑，先撑后挖，分层开挖，严禁超挖”的原则。施工前应熟悉支撑系统的图纸及各种计算工况，掌握开挖及支撑设置的方式、周围环境保护的要求。根据支撑系统施工图纸，放出支撑轴线，并开挖出适合支撑安装的沟槽。施工前仓库必须按设计要求的材料规格型号备齐，并分批组织进场。施工所需机械、工具按附表要求备齐全。对各种机械设备进行检查，保证施工中可以顺利进行。施工前先对支撑进行编号，在加工场预制做好后再进场拼装，以确保工期。

2. 钢支撑安装

支撑施工流程：仓库配料→机械设备进场→材料分批进场→支撑安装标

高定位→焊接连接件→支撑端部烧焊→电焊节点质量自检→循环安装下组支撑。

安装标高控制：按设计标高用水准仪在围檩上测定标高，划出红漆坐标，要求每间隔 10 m 在梁上设一个控制点，以保证托架横梁和撑板的烧焊。

支撑安装：在对接安装时要求拉通线控制直度，钢支撑弯曲不得超过 15 mm，施工时用钢卷尺测量。在构件有代表性的点上找平，符合设计尺寸后电焊点牢，以保证钢支撑在同一平面上，如构件本身有变形可用机械及氧气、乙炔火焰加以矫正。双拼连接时，如有弯曲，用链条葫芦或螺栓千斤顶进行校正，确保整根支撑平直。钢支撑焊接时，防止焊接变形。为了抵消焊接变形，可在焊接前进行装配时，将工件与焊接变形相反的方向预留偏差。采用合理的焊接顺序控制变形，不同的工件应采用不同的顺序。钢支撑施工时，根据图纸尺寸编好号的每根支撑用腹板焊接连接。安装时要确保纵横向的平整及垂直度。所有焊缝要满足设计和规范要求的长度和宽度，并不小于 8 mm，对受拉受剪力的焊缝必须敲掉焊渣检查，防止虚焊、假焊。每道焊接工序后，必须清渣自检，合格后通知监理等有关人员验收。

3. 钢支撑拆除

（1）钢支撑拆除条件

管廊主体结构达到设计强度，基坑回填至钢支撑底。拆除施工必须在接到业主、监理等认可通知书后方能进行。

（2）拆除方法

钢支撑拆除时先将支撑与围檩之间的焊缝进行切割，对钢板桩向外侧适当施加外力后，将钢管撑拆除。全部拆除完毕后再依次拆围檩、牛腿等构件。

（3）拆除安全作业措施

拆除施工机械进场时，预留基坑一侧通道给予方便，以利于机械基坑内进行拆除作业。坑内拆除作业按序进行，并及时移走拆除下来的支撑、辅件至基坑边，以便于直接吊出基坑外装车。进行坑内高处作业时，作业人员应配备并正确使用保险绳索，如需搭设临时脚手架的，应确保脚手架稳固、牢靠。钢支撑拆除施工时，坑内机械作业半径禁止所有人员逗留。所有安全措施及操作规程均应遵守并落实到位。

2.4 钻孔灌注桩与旋喷桩止水帷幕施工技术

2.4.1 钻孔灌注桩施工工艺

（1）施工顺序

场地平整→放线定位→钻机就位→埋设护筒→校桩位→钻进成孔→反复清孔→制安钢筋笼→测量桩底沉渣厚度→二次清孔→下导管→浇注桩身砼至桩顶→砼养护。

（2）旋挖成孔

施工前，按施工方案进行试成孔。钻机就位时，钻杆应保持垂直稳固、位置准确，施工中应随时检查调校。钻进过程中应随时检查钻头保径装置、钻头直径、钻头磨损情况，不能保证成孔质量时应及时更换。按试成孔确定的参数进行施工，设专职记录员记录成孔过程的各项参数，记录应及时、准确、完整、真实。钻进过程中应根据地质情况控制进尺速度。成孔采用跳挖方式，钻头倒出的渣土距桩孔口最小距离应大于 6 m，并应及时清除外运。钻进过程中，随时清理孔口积土，遇地下水、塌孔、缩孔等异常情况时，应及时处理。终孔前根据地勘报告核对桩基持力层位置，达到设计深度时，及时清孔。成孔达到设计深度后，孔口应予保护，并应做好记录。旋挖灌注桩成孔施工的允许偏差应满足《建筑地基与基础工程施工质量验收规范》GB50202—2002 的相关规定。

旋挖成孔灌注桩护筒可分为钢制护筒和混凝土护筒。本工程采用钢制护筒。钢制宜选用厚度不小于 10 mm 的钢板制作，护筒内径宜大于钻头直径 200 ~ 300 mm，钢护筒的直径误差应小于 10 mm。护筒顶端高出地面不宜小于 0.3 m。护筒的埋置深度应根据地质和地下水位等情况确定。护筒埋设时，应确定钢护筒的中心位置。护筒的中心与桩位中心偏差不得大于 50 mm，护筒倾斜度不得大于 1%。护筒就位后，应在四周对称、均匀地回填黏土，并分层夯实，夯填时应防止护筒偏斜移位。旋挖钻机埋设钢护筒时，应先采用稍大口径的钻头钻至预定位置，提出钻头后，再用钻斗将钢护筒压入到预定深度。采用机械加压或震动下沉埋设护筒时，应先对护筒进行定位和导正，然后加压或振动施压至预定深度。

旋挖成孔灌注桩的施工工艺流程如图 2-7 所示。易塌孔口宜设置护筒，

埋设深度应根据地质情况确定，本工程按 4 m 考虑，高出地面 0.3 m。钻进过程应控制下钻及提钻的升降速度。成孔至设计标高后，应清除孔底残渣。

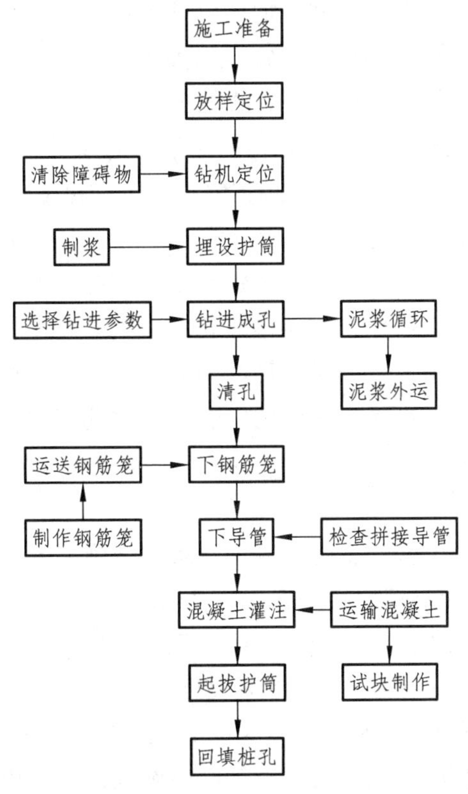

图 2-7　湿作业旋挖成孔灌注桩施工工艺流程

（3）清　孔

一次清孔在钻进到达设计孔底标高后，将清孔钻头提离孔底 50 ~ 80 mm，持续进行泵吸反循环，直到符合清孔的要求，然后用测绳测量桩孔的深度，并记录下桩的深度数据。二次清孔在安装钢筋笼、下放好灌注管后。如采用水下混凝土灌注方法，将灌注管提离沉渣面 50 ~ 80 mm，持续进行反循环清孔或者正、反循环交替清孔，直到灌注管下放到设计桩底标高，来回上下振动灌注管，并在孔内移动导管落点，以保证孔底全断面的清洁和孔内泥浆性能达到清孔要求。采用干成孔导管浇筑法，在安装钢筋笼后，采用测绳再次测量桩底沉渣，如沉渣厚度超标，应将钢筋笼吊出，再次用机械进行清孔。清孔后应再次检测桩孔成形质量是否满足设计及规范要求。

（4）钢筋笼制作及安装

钢筋笼制作的要求：钢筋笼制作应满足施工设计图纸的要求。钢筋应平直、无局部弯折，成盘的钢筋和弯曲的钢筋均应调直。螺旋筋和主筋采用点焊固定。钢筋笼的制作允许偏差应符合相关规定。主筋的焊接应错开，同一横断面上的接头数不得大于总接头数的50%。

钢筋笼的安装：钢筋笼应设置2～4个恰当的起吊点位置，且起吊点须加强。钢筋笼全部入孔后，应检查、校正安放位置，并做好记录，定位钢筋笼。桩身混凝土灌注完毕，待初凝后可解除钢筋笼的固定措施。

钢筋笼运输及安装：搬运和安装钢筋笼时，应采取有效措施防止钢筋笼变形，安放应对准孔位中心，避免碰撞孔壁。钢筋笼安装时，宜采用吊车吊装，并缓慢垂直自由下放。分段制作的钢筋笼在孔口对接安装时，应从垂直两个方向校正钢筋笼垂直度。测管的安装宜与钢筋笼的安装同步进行。钢筋笼安装就位后应立即固定。

（5）混凝土浇筑

混凝土采用混凝土输送泵将混凝土直接输送到需要浇筑混凝土的桩孔位置倒入料斗内，混凝土坍落度控制在18～22 cm；本工程混凝土为细石混凝土，强度为 C30。钢筋笼安放完成及时进行砼灌注，减少成孔的停置时间，干法成孔的桩基采用垂直导管灌注砼，靠砼反压出导管形成的扰动产生振捣作用。导管为直径250 mm钢管，分节长度为3 m，配置1～2 m短节，底节长4 m，导管接头为橡胶密封圈丝扣连接。导管内壁圆顺，并根据不同孔深编号及自下而上标示尺度。导管在吊入孔内时，用导管夹具将其位置固定在孔中心，防止卡挂钢筋骨架。采用无水砼灌注法施工，在砼通过导管进入桩孔底部时，由于落差过大会对桩基底部产生强大的冲力产生振动，诱使桩孔局部砂层、砾石层脱落，容易出现塌孔现象，故此在第一料斗砼灌注前在导管内安放一直径为300 mm空心橡胶球（即水下灌注砼时用的避水球），球内充气，致使砼下落时起到缓冲作用，降低砼下落的速度。为确保桩头部位砼的密实度，在砼灌注完成后有吊车提起导管上下活动，让其产生振捣作用并且缓缓拔出导管，使桩头部位增加砼密实度，促使桩头部位砼的质量更好，并做好灌注记录。

（6）冠梁浇筑

凿平桩头：采用风炮机进行桩头的破除工作，一次破除高度不超过50 cm，并注意破除时不能损坏桩顶部钢筋，不能对桩顶钢筋扭扯，碾压；风炮机破除桩顶砼至底部300 mm左右时，应由人工清理打凿，避免破坏冠梁底部桩砼面，造成下部桩体受损；桩头冲洗干净，调直桩顶钢筋：人工打凿至冠梁设计底面时，应对上部露出钢筋进行校正，保证钢筋位置正确，对于有损坏的钢筋应加筋或补强；桩顶用高压水枪冲洗干净，保证桩体与冠梁的砼连接性能。测量放线：应由测量员按基坑支护图纸的要求做好场地高程和定位的测放工作，保证冠梁标高和定位准确。钢筋加工、绑扎：钢筋制作时，应严格按照图纸和规范、标准图集下料，保证钢筋的规格、锚固长度、箍筋尺寸、间距等符合要求；钢筋绑扎时，先划好钢筋位置线，以确保钢筋位置准确，钢筋绑扎应全数绑扎，不得跳扎、漏扎，钢筋绑扎连接长度符合规范及图纸要求，对于采用双面搭接焊的，应在钢筋工程施工前进行工艺检测，并按每一施工阶段不同类型钢筋进行送检，焊接时应保证焊缝饱满，不损害钢筋筋体，双面搭接长度不小于 $5d$；钢筋绑扎完成后应在主筋两侧绑好混凝土垫块，沿箍筋间距方向每 4 跨绑扎 1 块，竖向绑 2 块，以确保保护层厚度及钢筋位置。模板安装及拆除：图纸冠梁高度为 20 cm，所以侧模采用 20 号槽钢安装，用钢筋支撑加固。待梁砼强度达到 50%，且在 24 h 后方可进行侧模的拆除，模板拆除时应小心不要破坏梁表面混凝土。浇筑砼：待钢筋工程、模板工程验收通过，由监理方签字后，方可进行混凝土浇筑工作，混凝土强度 C30。混凝土浇筑时，应振捣密实，但不得过振。在冠梁施工缝处，新旧混凝土交界面处应做好钢筋的预留，保证钢筋搭接长度。在后续混凝土浇筑时，应清除交界处混凝土浮浆、松动的石子，以确保混凝土的连接。浇水保养：混凝土浇筑完成后 12 h 内浇水保养，保证砼面湿润，养护时间不少于 7 d。

2.4.2 旋喷桩施工

1. 施工原理及工艺流程

旋喷法施工是利用钻机把带有特殊喷嘴的注浆管钻进至地层的预定位置后，用高压脉冲泵，将水泥浆液通过钻杆下端的喷射装置，向四周以高速水平喷入土体，借助流体的冲击力切削土层，使喷流射程内土体遭受破坏，与此同时钻杆一面以一定的速度旋转，一面低速徐徐提升，使土体与水泥浆充分搅拌混合，胶结硬化后即在地基中形成直径比较均匀，具有一定强度的桩体，从而使地层得到加固。利用钻机等设备，把安装在注浆管底部侧面的特殊喷咀，置入岩土层预定深度后，使用高压注浆泵，以 20 MPa 以上的压力，把水泥浆从喷咀中喷射出去切割破坏土体，同时借助注浆管的旋转和提升运动，使浆液与切割下来的土体搅拌混合，经过一定时间凝固后，在土层中形成圆柱状的水泥土固结体，称为单重管旋喷桩。

2. 施工工艺参数

高压旋喷桩采用单重管法，桩体直径不小于 600 mm，搭接宽度不小于 200 mm。高压旋喷桩水泥掺量为 30%，水灰比为 1，28 d 侧限抗压强度不小于 1.0 MPa。旋喷桩采用复喷工艺，喷浆下沉或提升速度不应大于 100 mm/min，垂直度偏差不应大于 1/100，孔位允许偏差为 50 mm。旋喷桩施工前进行试桩，根据实际情况以确定预定的浆液配比、喷射压力、喷浆量等技术参数。采用 PO42.5 普通硅酸盐水泥搅制浆，水泥应为新鲜无结块，每批次进场水泥必须有生产厂家产品合格证，并根据有关规定进行抽查检验。按设计配比进行浆液搅制，在制浆过程中应随时测量浆液比重，每孔高喷灌浆结束后要统计该孔的材料用量。浆液用高速搅拌机搅制，拌制浆液必须连续均匀，搅拌时间不小于 30 s，一次搅拌使用时间亦控制在 4 h 以内。

3. 旋喷桩施工方法

（1）施工准备

场地平整：正式进场施工前，进行管线调查后，清除施工场地地面以下 2 m 以内的障碍物，不能清除的做好保护措施，然后整平、夯实；同时合理布置施工机械、输送管路和电力线路位置，确保施工场地的“三通一平”。

桩位放样：施工前用全站仪测定旋喷桩施工的控制点，埋石标记，经过复测验线合格后，用钢尺和测线实地布设桩位，并用竹签钉紧，一桩一签，保证桩孔中心移位偏差小于 50 mm。

修建排污和灰浆拌制系统：旋喷桩施工过程中将会产生 10% ~ 20%的返浆量，将废浆液引入沉淀池中，沉淀后的清水根据场地条件可进行无公害排放。沉淀的泥土则在开挖基坑时一并运走。沉淀和排污统一纳入全场污水处理系统。

灰浆拌制系统主要设置在水泥附近，便于作业，主要由灰浆拌制设备、灰浆储存设备、灰浆输送设备组成。

（2）钻机就位

钻机就位后，对桩机进行调平、对中，调整桩机的垂直度，保证钻杆应与桩位一致，偏差应在 10 mm 以内，钻孔垂直度误差小于 0.3%；钻孔前应调试空压机、泥浆泵，使设备运转正常；校验钻杆长度，并用红油漆在钻塔旁标注深度线，保证孔底标高满足设计深度。

（3）引孔钻进

钻机施工前，应首先在地面进行试喷，在钻孔机械试运转正常后，开始引孔钻进。钻孔过程中要详细记录好钻杆节数，保证钻孔深度的准确。

（4）拔出岩芯管、插入注浆管

引孔至设计深度后，拔出岩芯管，并换上喷射注浆管插入预定深度。在插管过程中，为防止泥砂堵塞喷嘴，要边射水边插管，水压不得超过 1 MPa，以免压力过高，将孔壁射穿，高压水喷嘴要用塑料布包裹，以防泥土进入管内。

（5）旋喷提升

当喷射注浆管插入设计深度后，接通泥浆泵，然后由下向上旋喷，同时将泥浆清理排出。喷射时，先应达到预定的喷射压力、喷浆后再逐渐提升旋喷管，以防扭断旋喷管。为保证桩底端的质量，喷嘴下沉到设计深度时，在原位置旋转 10 s 左右，待孔口冒浆正常后再旋喷提升。提升速度为 100 mm/min，钻杆的旋转和提升应连续进行，不得中断。钻机发生故障，应停止提升钻杆和旋转，以防断桩，并立即检修排除故障。为提高桩底端质量，在桩底部 1.0 m 范围内应适当增加钻杆喷浆旋喷时间。在旋喷提升过程中，可根据不同的土层，调整旋喷参数。

（6）钻机移位

旋喷提升到设计桩顶标高时停止旋喷，提升钻头出孔口，清洗注浆泵及输送管道，然后将钻机移位。

2.5 基坑辅助施工技术

2.5.1 基坑排水施工技术

1. 基坑降排水系统设置

降排水设计：坑顶截水沟，坑内坡脚设排水沟+集水坑，管廊 BGL0+060 ~ BGL0+720 段采用深搅桩止水帷幕止水，详见《基坑截、排水大样图》。如图 2-8。

（1）坑顶截水沟

距离坡顶边坡线 1 m，用 M5 水泥砂浆砖砌截水沟，M5 水泥砂浆抹面厚 20 mm，净空尺寸：300 mm×300 mm。

（2）坑底排水沟

距离坡坡脚 0.5 m,采用开挖土沟进行排水,净空尺寸:300 mm×300 mm。

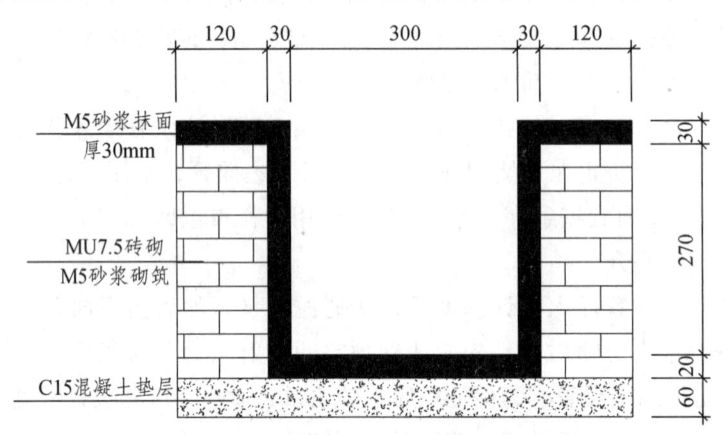

图 2-8　基坑截排水沟大样图

（3）坑底集水坑

距离坡坡脚 0.5 m，用 M5 水泥砂浆砖砌，M5 水泥砂浆抹面厚 20 mm，净空尺寸：900 mm×800 mm×520 mm。间距 30 m 设置一个（根据现场实际情况，适当调整）。如图 2-9。

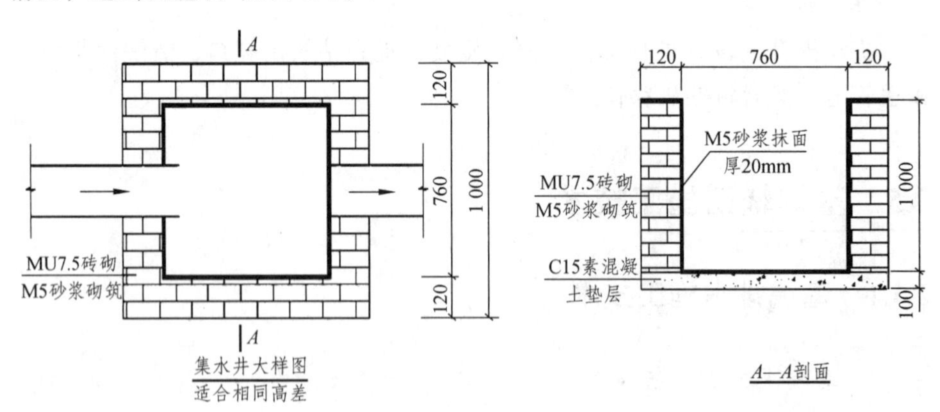

图 2-9　基坑集水井大样图

（4）深搅桩

管廊 BGL0+060 ~ BGL0+720 段深搅桩止水帷幕桩长 16 m，桩径 800 mm。

（5）坡面设置泄水孔

注浆锚杆地段设置泄水孔，泄水孔间距 4 m×4 m，正方形布置，地下水丰富地段适当加密。如图 2-10。

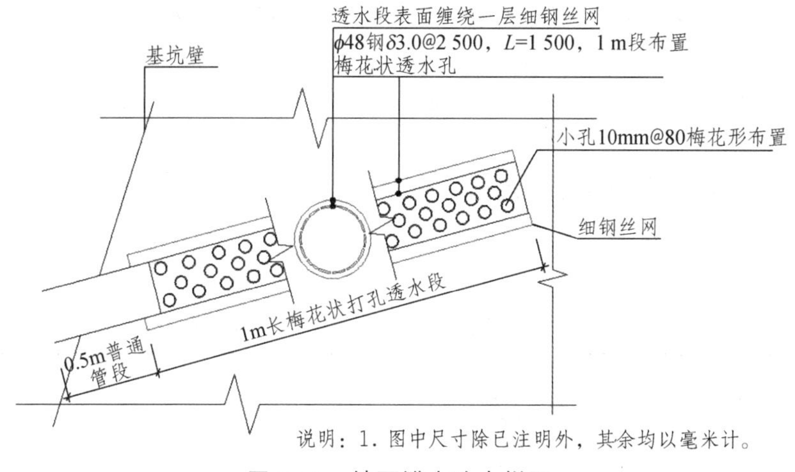

图 2-10　坡面泄水孔大样图

2. 基坑降排水施工方案

进行随挖随降的降水方案，即在开挖土方过程遇地下水时，挖机在该处挖一个土坑把周围的水汇集在坑里，用污水泵把水抽至基坑顶截水沟，现场应对周边排水沟渠进行疏通和加固，并对坑顶地表及坡面做有效封闭，防止地表水大量渗入土体，对护壁造成严重影响，确保护壁安全。

（1）排除地表水

排除地面水采用的是设置截水沟来进行。为避免下暴雨时基坑外雨水流入坑内影响基坑安全，需对截水沟进行每天检查，沟内有土石堵塞时要及时清理干净。在设置截水沟时应注意以下方面：

尽量利用自然地形来设置截水沟，以便将水顺趋势排至场外或流入低洼处再用水泵抽走；截水沟沟底排水坡度按 0.1%～0.2%坡度施工，坡底设置集水井，沿最低点向两边围绕基坑逐渐起坡，保证水流通畅；出水口设置根据总包方提供的排水点，水经过沉淀池的三级沉淀后方可排出场外，流入市政雨水管网。

（2）降低基坑内地下水

降低基坑内地下水至坑底 0.5 m 以下，保证底板施工时无水浸泡基底土。土方开挖期间应预降水，将地下水降至开挖面以下 0.5 m。根据基坑周边场地的实际情况设置降水井，施工期间根据涌水量调节集水井数量。井底低于基底 2 m，降水深度超过基底 0.5 m。集水井成孔采取人工挖坑，砖砌筑的方法进行（根据施工情况可采用其他方式，如波纹管，可兼做降水井）。集水井完成的同时，进行排水沟的施工。在施工时根据实际出水量在每段集水坑内放置 1 台 2.2 kW 口径 75、指定 10 人进行抽水工作，把集水坑内的水抽至对应基坑顶截水沟内，水顺沟流入沉淀池，经过沉淀后经过预埋管排出场外。

2.5.2 深搅止水桩施工技术

（1）施工工艺参数（表 2-1）

表 2-1 深搅止水桩主要技术参数参考表

项　目	技术参数
搅拌下钻时下沉速度/（m/min）	1
搅拌机喷浆时提升速度/（m/min）	2
水灰比	0.8 ~ 1.2
泵送压力/MPa	0.4
旋转速度/（r/min）	60
桩径/mm	800
每米水泥用量/kg	大于 175

（2）深搅止水桩工艺原理

深搅桩施工是采用钻掘搅拌机在现场向设计深度进行旋转掘进，同时在灰浆系统及注浆泵系统的配合作用下，在钻头处喷射出水泥浆液，钻头及螺旋钻杆将水泥浆与原位土体反复混合搅拌，形成水泥土，在各桩单元之间采取重叠搭接咬合方式施工，使土体的均匀性、自立性、密实度、抗压强度、渗透性等性能参数指标提高，从而满足设计需求的一种施工工艺。

（3）工艺流程

如图 2-11。

（4）施工程序

桩机就位：将桩机移到指定桩位，对好桩位，先调整钻头中心与桩位中心一致，误差不大于 1 cm，然后调整钻杆垂直度，使其误差不超过 1.0%，由现场质检人员检查确认无误后开始开机作业。

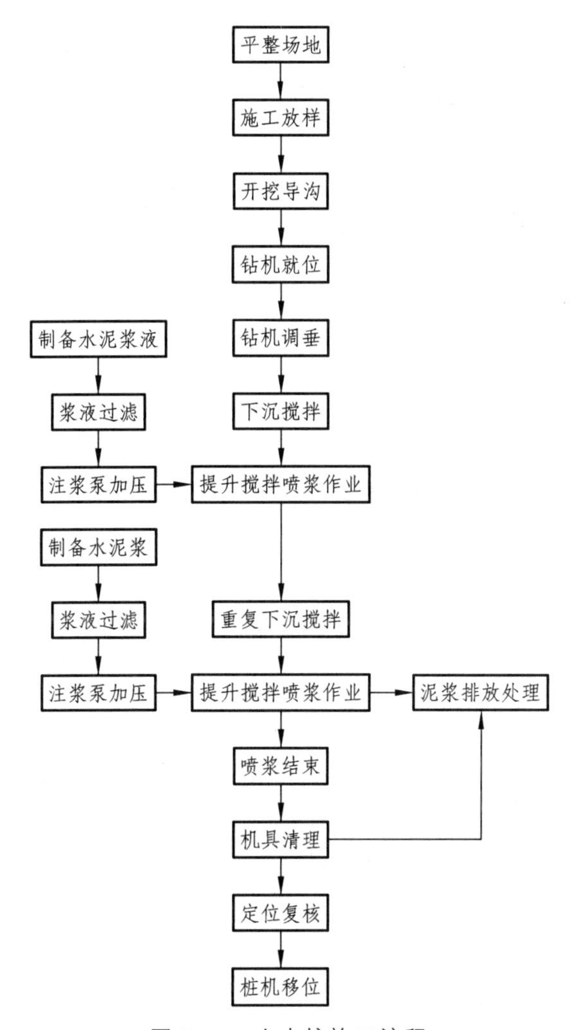

图 2-11　止水桩施工流程

配制水泥浆：按施工参数表不同桩长，单桩水泥用量（水泥掺入比）配置水泥浆。拌和均匀后，通过滤网进入贮浆池中备用。

下沉搅拌：开启深层搅拌机主电机，桩机钻杆垂直下沉，钻进速度 $V<1$ m/min，钻杆转速为 60 r/min。下沉过程中，工作电流不大于额定值。遇较硬的地层不能下沉时，可泵送少量的水或水灰比较大的水泥浆，凡经输浆管冲水下沉的水泥搅拌桩，喷浆提升前必须将喷浆管内的水排清，随时观察设备运行及地层变化情况。

搅拌提升：深层搅拌机下沉到达设计深度时，在桩端搅拌喷浆 30 s 后均速搅拌提升。提升速度 V<2 m/min。提升过程中始终保持送浆连续，中间不得间断。如有间断应进行处理，同时在输浆管冲水下沉的部位应略停加强搅拌喷浆。第一次下钻时为避免堵管可带浆下钻，喷浆量应小于总量的 1/2，严禁带水下钻。第一次下钻和提钻时一律采用低挡操作，复搅时可提高一个挡位。每根桩的正常成桩时间应不少于 40 min，喷浆压力不小于 0.4 MPa。为保证水泥搅拌桩桩端、桩顶及桩身质量，第一次提钻喷浆时应在桩底部停留 30 s，进行磨桩端，余浆上提过程中全部喷入桩体，且在桩顶部位进行磨桩头，停留时间为 30 s。

重复搅拌下沉：重复前次作业，每根桩均要进行复搅复喷。

2.5.3 旋喷桩加固基地施工技术

1. 施工工艺参数（表 2-2）

表 2-2 高压旋喷桩施工主要技术参数参考表

项目		技术参数
压缩空气	气压/MPa	0.6 ~ 0.8
	气量/（m^3/min）	0.5 ~ 2.0
水泥浆	压力/MPa	≥25
	流量/（L/min）	30
水灰比		0.8 ~ 1.2
提升速度/（m/min）		0.1 ~ 0.2
旋转速度/（r/min）		18 ~ 25

2. 旋喷桩机械原理

高压旋喷法施工是利用钻机把带有特殊喷嘴的注浆管钻进至地层的预定位置后，用高压脉冲泵将水泥浆液通过钻杆下端的喷射装置，向四周以高速水平喷入土体，借助流体的冲击力切削土层，使喷流射程内土体遭受破坏。与此同时，钻杆一面以一定的速度旋转，一面低速徐徐提升，使土体与水泥浆充分搅拌混合，胶结硬化后即在地基中形成直径比较均匀，具有一定强度的桩体，从而使地层得到加固。二重管是以二根互不相通的管子，按直径大小在同一轴线上重合套在一起，用于向土体内分别压入气、浆液。内管由泥浆泵压送 25 MPa 左右的浆液；外管由高压机压送 0.6 ~ 0.8 MPa 的压缩空气。

在同一圆心上，二重管由回转器、连接管和喷头三部分组成。

3. 工艺流程

如图 2-12 所示。

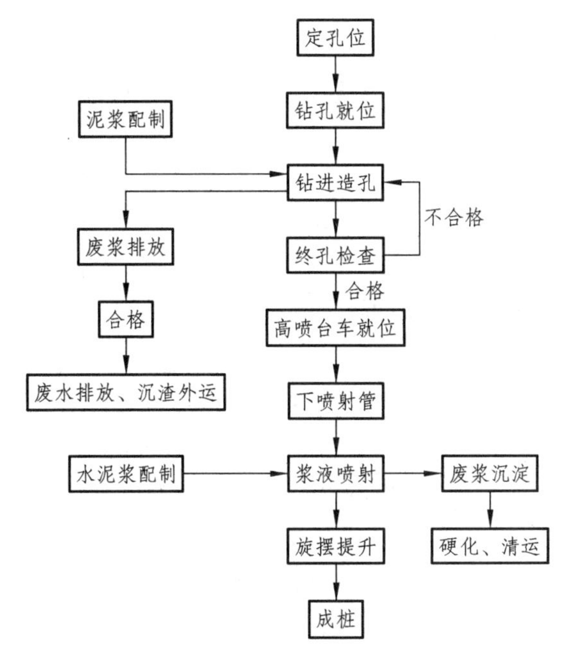

图 2-12 高压旋喷桩施工工艺流程图

4. 施工程序

（1）施工准备

场地平整：正式进场施工前，进行管线调查后，清除施工场地地面以下 2 m 以内的障碍物，不能清除的做好保护措施，然后整平、夯实；同时合理布置施工机械。

桩位放样：桩位放样采用 GPS 放样，控制点采用建设单位提供的控制点，桩位偏差控制在 2 cm 以内，高压旋喷桩施工时，应再次复核桩位。

修建排污和灰浆拌制系统：旋喷桩施工过程中将会产生 10%～20%的返浆量，将废浆液引入沉淀池中，沉淀后的清水根据场地条件可进行无公害排放。沉淀的泥土则在开挖基坑时一并运走。沉淀和排污统一纳入全场污水处理系统。灰浆拌制系统主要设置在水泥附近，便于作业，主要由灰浆拌制设备、灰浆储存设备、灰浆输送设备组成。

（2）钻机就位

高压旋喷地基处理在自然地面施工，桩顶标高距地面长度一般为 4 ~ 7 m，施工拟采用 2 台 MGJ-50 钻机引孔造孔。钻机就位后，对桩机进行调平、对中，调整桩机的垂直度，保证钻杆应与桩位一致，偏差应在 20 mm 以内，钻孔垂直度误差小于 1.5%；钻孔前应调试空压机、泥浆泵，使设备运转正常；校验钻杆长度，并用红油漆在钻塔旁标注深度线，保证桩底标高和桩顶标高满足设计深度。

（3）引孔钻进

把钻机移至钻孔位置，对准孔位用水平尺掌握机台水平，立轴垂直、垫牢机架、钻机的垂直度满足精度要求，经技术人员验测合格后方可开钻。如发现钻机倾斜，则停机找平后再开钻。钻进过程中，遇到异常情况及时查明原因，采取相应措施，对地层变化、颗粒大小、硬度等要详细记录。钻孔结束后，由技术人员进行质量检查，合格后方可移位进行下一个孔的钻进。

（4）下喷射管

本项目拟采用 1 台 XPB-900 喷射台车，将喷射台车移至成孔处，先在地面进行浆、气试喷，检查各项工艺参数符合设计要求后将喷射管下至设计深度，经现场质检人员检查认可后方可进行高喷灌浆施工。喷射过程中如遇特殊情况，如浆压过高或喷嘴堵塞等，应将喷射管提出地面进行处理，处理好后再进行施工。

（5）喷浆材料及制浆

采用 PO42.5 普通硅酸盐水泥搅制浆，水泥应为新鲜无结块，通过 0.08 mm 方孔筛的筛余量为≤5%，每批次进场水泥必须有生产厂家产品合格证，并根据有关规定进行抽查检验。旋喷桩每延米水泥含量应大于 181 kg。按设计配比进行浆液搅制，在制浆过程中应随时测量浆液比重，每孔高喷灌浆结束后要统计该孔的材料用量。浆液用高速搅拌机搅制，拌制浆液必须连续均匀，搅拌时间不小于 30 s，一次搅拌使用时间亦控制在 4 h 以内。

（6）喷射提升

当喷射管下至设计深度，接通高压水管、空压管，开动高压清水泵、泥浆泵、空压机和钻机进行旋转，并用仪表控制压力、流量和风量，分别达到设计参数时开始提升，继续旋喷和提升，直至达到设计标高后停止。当旋喷管提升接近桩顶时，应从桩顶以下 1.0 m 开始，慢速提升旋喷，旋喷数秒，再向上慢速提升 0.5 m，直至桩顶停浆面。喷射过程中，值班技术人员应随时检

查各环节的运行情况，并根据具体情况采取下列措施：接、卸换管要快，防止塌孔和堵嘴；喷射因故障中断，应酌情处理：因机械故障，要尽力缩短中断时间，及早恢复灌浆；如中断时间超过 1 h，要采取补救措施；恢复喷射时，喷射管要多下至少 0.3 m，保证凝结体的连续性。

（7）移　位

移动桩机进行下一根桩的施工。

（8）补　浆

喷射注浆作业完成后，由于浆液的析水作用，一般均有不同程度的收缩，使固结体顶部出现凹穴，要及时用水灰比为 1.0 的水泥浆补灌。

（9）记　录

施工中钻孔、高喷灌浆的各道工序应详细、及时、准确记录，所有记录需按要求使用统一表格。待土方开挖至桩顶设计标高后，修整桩头，再在桩顶铺垫 30 cm 的碎石垫层。

2.5.4　基坑监测技术

1. 基坑监测项目

监测项目包括支护结构的水平位移、周围建筑物及基坑沉降等。

2. 监测点的位置及数量

在基坑顶部、基坑坡中央及基坑底部各边每隔 20 m 布置一个观测桩（观测桩是由混凝土浇筑，插入一根外漏 3 cm 钢筋，尺寸：高为 20 cm，宽为 20 cm 的三角检测桩）。基坑底部回弹及隆起观测视现场情况确定。

3. 监测与测试的控制指标

根据基坑平面及周边环境总图，本工程管廊放坡围护段基坑环境保护等级为三级。本工程基坑稳定性分析及对周边环境影响的控制标准见表 2-3、2-4。

表 2-3　基坑稳定性设计控制指标

基坑安全等级	整体稳定安全系数	土钉抗拔安全系数	墙底抗隆起稳定安全系数
三级	1.20	1.4	1.4

表 2-4　基坑变形设计控制指标

基坑环境保护等级	围护结构最大侧移	坑外地表最大沉降
三级	0.7%H	0.55%H

4. 监测要求

在围护结构施工前精确测定初始值。施工中应加强对测试点及测试设备的保护，防止损坏。应采取有效措施保证测试基准点的可靠性及测试设备的完好，以确保测试数据的准确性。应及时向设计人员提供监测数据及最终测试评价成果，以便进行分析及采取相应的防范措施。

5. 监测周期

从基坑土方开挖至基坑回填土。在围护施工时，正常情况下，临近监测对象每 1 天观测 2 次，当日变化量或累计变化量超警戒值时，监测频率适当加密，每天观测 1 次。特殊情况如遇极端天气特别是暴雨超过 1 小时或监测数据有异常、突变，变化速率偏大等，适当加密监测频率，直至跟踪监测。

监测频率：开挖深度小于 5 m 对所需监测项目每天监测 1 次，开挖深度大于 5 m 时对所需监测项目每 1 天监测 2 次，底板浇筑后对所需监测项目每 1 天监测 2 次（深度大于 10 m）或 1 次（深度小于 10 m）；在地下结构施工阶段，各监测项目观测频率为 2 ~ 3 次/周，支撑拆除阶段 1 次/天。根据规范规定，施工现场检测频率见表 2-5。

表 2-5　现场仪器监测的检测频率

<table>
<tr><th rowspan="2">基坑类别</th><th rowspan="2" colspan="2">施工进程</th><th colspan="4">基坑设计深度/m</th></tr>
<tr><th>≤5</th><th>5 ~ 10</th><th>10 ~ 15</th><th>>15</th></tr>
<tr><td rowspan="7">一级</td><td rowspan="3">开挖深度/m</td><td>≤5</td><td>1 次/1 d</td><td>1 次/2 d</td><td>1 次/2 d</td><td>1 次/2 d</td></tr>
<tr><td>5 ~ 10</td><td>—</td><td>1 次/1 d</td><td>1 次/1 d</td><td>1 次/1 d</td></tr>
<tr><td>>10</td><td>—</td><td>—</td><td>2 次/1 d</td><td>2 次/1 d</td></tr>
<tr><td rowspan="4">底板浇筑后/d</td><td>≤7</td><td>1 次/1 d</td><td>1 次/1 d</td><td>2 次/1 d</td><td>2 次/1 d</td></tr>
<tr><td>7 ~ 14</td><td>1 次/3 d</td><td>1 次/2 d</td><td>1 次/1 d</td><td>1 次/1 d</td></tr>
<tr><td>14 ~ 28</td><td>1 次/5 d</td><td>1 次/3 d</td><td>1 次/2 d</td><td>1 次/1 d</td></tr>
<tr><td>>28</td><td>1 次/7 d</td><td>1 次/5 d</td><td>1 次/3 d</td><td>1 次/3 d</td></tr>
</table>

续表

基坑类别	施工进程		基坑设计深度/m			
			≤5	5～10	10～15	>15
二级	开挖深度/m	≤5	1 次/2 d	1 次/2 d	—	—
		5～10	—	1 次/1 d	—	—
	底板浇筑后/d	≤7	1 次/2 d	1 次/2 d	—	—
		7～14	1 次/3 d	1 次/3 d	—	—
		14～28	1 次/7 d	1 次/5 d	—	—
		>28	1 次/10 d	1 次/10 d	—	—

6. 监测报警值

基坑工程监测必须确定监测报警值，监测报警值应满足基坑工程设计、地下主体结构设计以及周边环境中被保护对象的控制要求。基坑工程监测报警值应以监测项目的累计变化量和变化速率值两个值控制。基坑及支护结构监测报警值应根据土质特征、设计结果及当地经验等因素确定。见表 2-6。

表 2-6 基坑监测报警值

项 目	变化速率	累计报警值
围护墙顶部竖向、水平位移	>2 mm/d 连续 2 d 以上	≥25 mm
基坑外地下水位	>250 mm/d	≥900 mm
围护体系裂缝（如有）	>1 mm、持续发展	
围护墙侧向变形（测斜）	>3 mm/d、连续 2 d 以上	≥30 mm
	>3 mm/d、连续 2 d 以上	≥30 mm
邻近地下管线水平及竖向位移	>2 mm/d	≥8 mm、相邻两测点差≥6 mm
基坑外地表裂缝（如有）	>10 mm、持续发展	
邻近建（构）筑物裂缝（如有）	>2 mm、持续发展	
地表竖向位移	>3 mm/d、连续 2 d 以上	≥33 mm
	>3 mm/d、连续 2 d 以上	≥33 mm

周边建筑的报警值除考虑基坑开挖造成的变形外，尚应考虑其原有变形的影响。当出现下列情况之一时，必须立即进行危险报警，并对基坑支护结构和周边环境中的保护对象采取应急措施：当监测数据达到监测报警值的累计值；基坑支护结构或周边土体的位移突然明显增长或基坑出现流砂、管涌、

隆起、陷落或较严重的渗漏等；基坑支护结构的支撑体系出现过大变形、压屈、断裂、松弛或拔出的迹象；周边建筑的结构部分、周边地面出现较严重的突发裂缝或危害结构的变形裂缝；周边管线变形突然明显增长或出现裂缝、泄漏等；据工程经验判断，出现其他必须进行危险报警的情况。

7. 基坑巡查

基坑工程整个施工期内，每天均应进行巡视检查。基坑工程巡视检查宜包括以下内容：土体有无裂缝、沉陷及滑移；基坑有无涌土、流砂、管涌；开挖后暴露的土质情况与岩土勘察报告有无差异；基坑开挖分段长度、分层厚度及支撑设置是否与设计要求一致；场地地表水、地下水排放状况是否正常，基坑降水设施是否运转正常；基坑周边地面有无超载；周边地面有无裂缝、沉陷；基准点、监测点完好状况；监测元件的完好及保护情况；有无影响观测工作的障碍物。

巡视检查以目测为主，可辅以锤、钎、量尺等工器具以及摄像、摄影等设备进行。对自然条件、支护结构、施工工况、周边环境、监测设施等的巡视检查情况应做好记录。检查记录应及时整理，并与仪器监测数据进行综合分析。巡视检查如发现异常和危险情况，应及时通知建设方及其他相关单位。

8. 数据处理与信息反馈

施工现场安排专职测量员段可负责本工程基坑工程各项监测工作。现场测试人员应对监测数据的真实性负责。监测数据按附表填写。

现场的监测资料应符合下列要求：使用正式的监测记录表格；监测记录应有相应的工况描述；监测数据应整理及时；对监测数据的变化及发展情况应及时分析和评述。外业观测值和记事项目，必须在现场直接记录于观测记录表中。任何原始记录不得涂改、伪造和转抄。观测数据出现异常时，应分析原因，必要时应进行重测。监测项目数据分析应结合其他相关项目的监测数据和自然环境、施工工况等情况及以往数据进行，并对其发展趋势做出预测。

9. 应急措施

（1）基坑坡顶出现裂缝、变形过大潜在滑动失稳险情

坡脚被动区临时压重：在基坑底面范围内，采用堆置土、砂包或堆石、砌体等压载的方法以增加基坑支护体系抗滑力维持基坑稳定。坡顶主动区减载，包括两个方面：一是清除基坑周边地面堆置的砂石建筑材料及施工设施

等以减轻地面荷载；二是可根据出现险情程度和需要，进一步降低基坑顶面高程，挖除基坑顶面一定厚度的土层以减少基坑自身土体的重量，降低基坑滑动力而提高基坑的稳定系数。从基坑边起算开挖深度一般 1.0 ~ 3.0 倍的范围内垂直打入锚桩，锚桩与水平锚杆或钢性桩连接进行拉锚。必要时增设锚杆或锚杆。在基坑顶部，采取临时措施拦截地表水，以防下渗或直接流入基坑内。基坑底部，用污水泵抽水，并做好坑底排水设施，使基坑底部尽量保持干爽，以防基坑底部土体泡水软化。对险情段加强监测。尽快向勘察和设计等单位反馈信息，开展勘察和设计资料复审，按施工的现状工况验算。

（2）支护桩位移

回填好土、砂石或砂袋等，回填反压土高度至能保证基坑变形完全稳定为止，控制住险情；若是由于基底土质过软引发基坑较大变形，对基坑底土体采用注浆加固，防止桩身向坑内移动，发生基坑垮塌；对坡体加设锚杆，注浆加固；坡顶卸载，坡顶一定范围内的土体挖除，减少坡顶荷载；加强监测，及时汇报，直到险情解除。

（3）锚杆墙位移

回填好土、砂石或砂袋等，回填反压土高度至能保证基坑变形完全稳定为止；增设坑内降水设备，降低地下水；坡顶卸载，坡顶一定范围内的土体挖除，减少坡顶荷载；对锚杆墙临时加固，包括局部增加锚杆；局部采取注浆加固措施；对险情段加强监测；尽快向勘察和设计等单位反馈信息，开展勘察和设计资料复审，按施工的现状工况验算。对基坑挖土合理分段，每段土方挖到底后及时浇注垫层。

（4）锚杆墙渗水

对渗水量较小，不影响施工也不影响周边环境的情况下，可采用坑底设排水沟的方法；在渗漏较严重的部位，先在支护结构水平（略向上）打入一根钢管，内径 20 ~ 30 mm，使其穿透支护结构内，由此将水从该管引出；将管边支护结构的薄弱处用防水砼或砂浆修补封堵；待修补封堵的砼或砂浆达到一定强度后，再将钢管出水口封住。如封住管口后出现第二处渗漏时，按上述方法再进行“引流—修补”。如果引流的水为清水，周边环境较简单或出水量不大，则不作修补也可，只需将引入基坑的水排出即可。

（5）锚杆墙漏水

如果漏水位置离地面不深处，可将支护结构背开挖至漏水位置下 500 ~ 1 000 mm，在支护结构背后用密实砼进行封堵。如漏水位置埋深较大，则可在支护结构后采用压密注浆方法，注浆封堵。注浆浆液中应掺入适量水玻璃，使其能尽早凝结。

（6）对地表裂缝，及时采用水泥砂浆封堵，以防地表水下渗。

2.5.5 基坑回填技术

1. 回填条件

管廊外剪力墙的防水全部做完，聚苯板保护层铺贴完成，并经验收合格。外剪力墙周边的钢管脚手架已经全部拆除。坑底的垃圾已全部清理完，砼养护不少于 14 d（管廊主体模板及支撑按设计及规范要求时间拆除），满足回填要求，并经建设方、监理方及施工方共同确认。人员安排，机械配备完备。回填区域周边场地的建筑材料已经清收干净，能够满足装载机、运砂砾石手推车通行。安装工程的接地装置安装完成，符合要求。

2. 施工准备

（1）测量准备

在基坑护壁上用红油漆画出回填砂砾石标高分层控制线，管廊上部水平仪测量打控制桩控制标高。

（2）材料准备

回填前 5 天以前确定取料地点，并保证有足够数量满足要求的填料。对回填砂砾石含水率及干密度进行测试，测试合格后方可使用。回填料必须符合方案、设计及规范要求。每工作段使用 5 辆自卸汽车将满足要求的回填砂砾石运现场指定地点堆放后，采用挖机、装载机配合人工二次转运至回填地点进行回填，回填砂砾石运至现场后严禁混杂现场的建筑垃圾一起回填。回填前必须清理干净坑内杂物，回填必须分层进行，每 25 cm 厚夯实一次。

3. 砂砾石方回填施工

（1）回填顺序

根据进度安排，再结合基坑内场地施工条件，基坑砂砾石方回填由场地的管廊两侧同时对称分层回填，每次回填松铺厚度为 250 mm，最后将整个基坑砂砾石方回填完成。严禁单边回填，防止产生水平推力，影响管廊结构安全。

（2）回填方式选择

① 拉森钢板桩支护部分

因两侧工作面狭窄采用小型打夯机辅助人工分层夯填压实。拔钢板桩必须是管廊上部回填 500 mm 以上，且回填基槽与相邻道路高差小于 600 mm，以防止高差过大造成的砂砾石方坍塌对基坑外砂砾石体的破坏。钢板桩拔出后缝隙用细砂分若干次灌水冲填密实。管廊顶板上回填时，顶板上 500 mm 厚以内必须是每层回填虚铺厚度为 250 mm，采用小型打夯机压实，700 mm 以上采用压路机压实，小型打夯机配合压实边角交接处。回填土用打夯机夯实，每层至少夯打 8 遍。打夯应一夯压半夯，夯夯相连，行行相连，纵横交叉。对于基槽狭窄、阴阳角等处打夯机夯不到的部位，采用人力夯，不得漏夯。深浅基槽相连时，应先填夯深基槽，相平后与浅基槽一起全面分层填夯；分段填夯时，每层接缝处做成 1∶2 阶梯形。上下层接缝错开距离 1.0 m。大型压路机外侧压轮边缘距管廊外墙的水平距离不小于 800 mm，管廊内侧 800 mm 必须是用小型机械回填夯实，防止压路机对管廊主体的破坏。管廊顶 1 000 mm 以上按道路路基施工规范的检测要求进行检测。人工使用小型打夯机进行夯实（夯实次数为来回 3 遍）。如图 2-13。

② 放坡开挖部分

根据图纸设计，放坡开挖部分，管廊两侧基底操作面为 1 500 mm，因此，放坡开挖部分管廊两侧回填砂砾石方及管廊顶板以上 700 mm 厚范围内采用小型打夯机进行分层压实，700 mm 厚以上采用 18T 压路机压实，小型压路机配合压实边角交接处。管廊两侧回填采用人工配合小型打夯机夯实。管廊顶板上回填时，顶板上 700 mm 厚以内分层回填虚铺厚度为 250 mm，采用小型打夯机，700 mm 以上采用 18T 压路机压实。如图 2-14、2-15。

图 2-13　打夯机打夯图

图 2-14　小型压路机压实

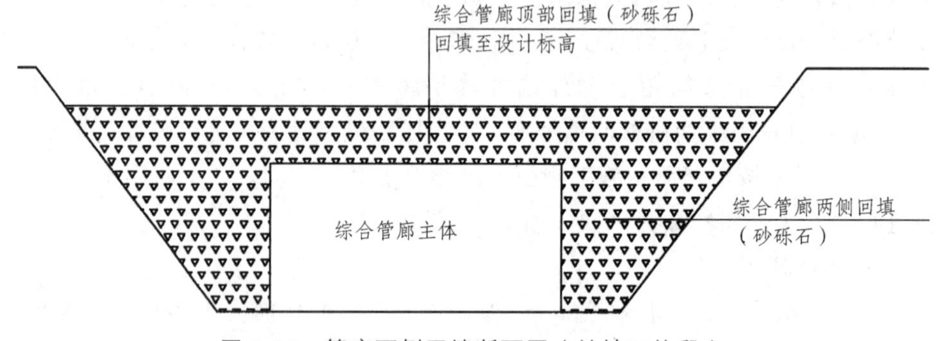

图 2-15　管廊两侧回填断面图（放坡开挖段）

（3）砂砾石方回填

① 工艺流程（图 2-16）

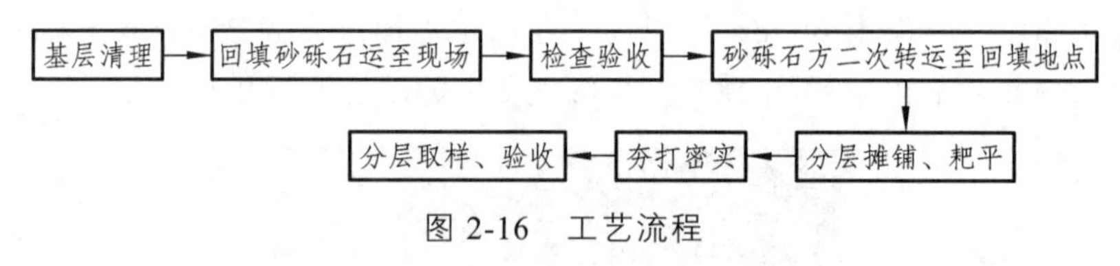

图 2-16　工艺流程

② 主要技术措施

回填区域必须按规范要求进行取样试验。回填前将基层的垃圾杂物清理干净，并将回落的松散砂砾石、砂浆、石子等清除干净。检验回填砂砾石的含水率是否在控制范围内，通过击实试验测定最优含水率与相应的最大干密度，施工含水率与最优含水率之差控制在-4%～+2%范围内。如含水率偏高，可采用翻松、晾晒等措施；如果回填砂砾石的含水率偏低，可采用预先洒水润湿等措施。使回填砂砾石手握成团，落地松散。由于回填区域场地狭窄，回填砂砾石采用机械和人工二次转运至回填地点，使用人工摊铺，分层夯实，每层厚度为 250 mm，使用打夯机夯实。每层摊铺后，随之耙平，再进行打夯。回填砂砾石应两边对称回填夯实。回填砂砾石用打夯机夯实，每层夯实至压实度满足要求。打夯应一夯压半夯，夯夯相连，行行相连，纵横交叉。对于基槽狭窄、阴阳角等处打夯机夯不到的部位，采用人力夯，不得漏夯。深浅基槽相连时，应先填夯深基槽，相平后与浅基槽一起全面分层填夯；分段填夯时，每层接缝处做成 1∶2 阶梯形。上下层接缝错开距离 1.0 m。基槽回填在相对两侧或四周同时进行。回填砂砾石每层夯实后，按规范要求进行环刀或灌砂筒法取样，测出回填砂砾石的干密度，达到要求后再铺上一层砂砾石。中间每层砂砾石顶面必须清理干净方可继续回填；填砂砾石全部完成后，在表面拉线找平，凡高出允许偏差的地方，应及时拉线铲平，凡低于规定标高的地方应补砂砾石夯实。检测每施工段（以变形缝划分）回填层自检抽查 3 个点检测（含规范要求检测点），其中监理见证至少一个点并附照片于试验资料上。

4. 施工注意事项

施工时应注意保护定位桩、轴线桩、标高桩，防止碰撞位移。施工时，合理安排施工顺序，防止铺填超厚，严禁运砂砾石车直接倒砂砾石入基槽。砂砾石方回填前必须先清除基坑底部周围的积水、淤泥和其他杂物。严格控制泥夹石的含水率，含水率不符合要求的回填砂砾石，严禁进行回填，暂时存放在现场的回填砂砾石，用塑料布覆盖防雨。砂砾石回填，应安排在晴天，并且连续进行，尽快完成。回填过程中，遇雨时，用塑料布覆盖，防止雨水淋湿已夯实部分。雨后回填前认真做好泥夹石含水率测试工作，含水率较大时将砂砾石铺开晾晒，待含水率测试合格后方可回填。在压实过程中，对边坡边角处或小范围区，可采用薄层摊铺，小型夯实器具压实。若施工时遇到降雨，当日降水量大于 5 mm 时，停止回填施工，并在下雨前进行防雨，以防雨水下渗大量下渗，影响回填质量。

第3章 城市地下综合管廊主体结构施工技术

3.1 支架与模板施工技术

3.1.1 管廊支架施工技术

1. 基本技术要求

脚手架安拆专项方案编写与审定。搭设方法统一技术交底，做法统一，效果才能一致。脚手架的设计力求做到结构安全可靠，造价经济合理。确保脚手架在使用周期内安全、稳定、牢靠。选用材料时，力求做到常见通用、可周转利用，便于保养维修。脚手架在搭设及拆除过程中要符合工程施工进度要求。操作人员需取得特殊作业人员资格上岗证。搭设架子前应进行保养，除锈并统一涂色，力求环保美观。脚手架的搭设和拆除需严格执行该《专项施工方案》。

2. 技术参数

脚手架技术参数见表3-1。

表3-1　落地式扣件钢管脚手架技术参数

脚手架用途	装修操作用脚手架（严禁在外架上堆放钢筋、钢管等）		
脚手架排数	双排	纵、横向水平杆布置方式	横向水平杆在上
搭设高度/m	15	钢管类型	Φ48×3.5
立杆纵距/m	1.8	立杆横距/m	0.9
立杆步距/m	1.8	立杆计算方法	单立杆
挡脚板	作业层设置	脚手板	作业层满铺
纵向斜撑	3跨1设		

3. 工艺流程

场地平整、夯实→C15 垫层浇筑→定位放线→定位设置通长脚手板、底座→纵向扫地杆→立杆→横向扫地杆→纵向水平杆→横向水平杆→剪刀撑→斜撑→铺脚手板→扎防护栏杆→扎安全网。

4. 施工方法

（1）落地外架基础

定距定位。根据构造要求在建筑物四角用尺量出内、外立杆离墙距离，并做好标记；用钢卷尺拉直，分出立杆位置，并用油漆点出立杆标记；垫板、底座应准确地放在定位线上，垫板必须铺放平整，不得悬空。

本工程脚手架地基础部位采用 C15 混凝土垫层进行硬化，混凝土硬化厚度 10 cm。立杆垫板或底座面标高高于自然地坪 50～100 mm，两侧设置排水沟，排水通畅。垫板尺寸采用长度不少于 2 跨、厚度不小于 50 mm、宽度不小于 200 mm 的木垫板。

（2）立杆设置

立杆采用对接接头连接，立杆与纵向水平杆采用直角扣件连接。接头位置交错布置，两个相邻立杆接头避免出现在同步同跨内，并在高度方向错开的距离不小于 50 cm；各接头中心距主节点的距离不大于步距的 1/3。每根立杆底部应设置垫块，并且必须设置纵、横向扫地杆。纵向扫地杆应采用直角扣件固定在距底座上皮不大于 200 mm 处立杆上。横向扫地杆亦应采用直角扣件固定在紧靠纵向扫地杆下方立杆上。当立杆基础不在同一高度上时，必须将高处的纵向扫地杆向低处延长两跨与立杆固定，高低差不应大于 1 m。靠边坡上方的立杆轴线到边坡的距离不应小于 500 mm。立杆的垂直偏差应控制在不大于架高的 1/400。开始搭设立杆时，每隔 3 跨设置一根抛撑。立杆及纵横向水平杆构造要求见图 3-1 所示。

（3）纵、横向水平杆

纵向水平杆设置在立杆内侧，其长度不小于 3 跨。纵向水平杆接长宜采用对接扣件连接，也可采用搭接。当采用对接时，对接扣件应该交错布置，两根相邻纵向水平杆接头不宜设置在同步或同跨；不同步或不同跨两相邻接头在水平方向错开距离不应小于 500 mm；各接头中心至最近主节点的距离不宜大于纵距的 1/3。当采用搭接时，搭接长度不应小于 1 m，应等间距设置 3 个旋转扣件固定，端部扣件盖板边缘至搭接纵向水平杆杆端的距离不应小于

100 mm。立杆与纵向水平杆交点处设置横向水平杆，两端固定在立杆上，以形成空间结构整体受力。

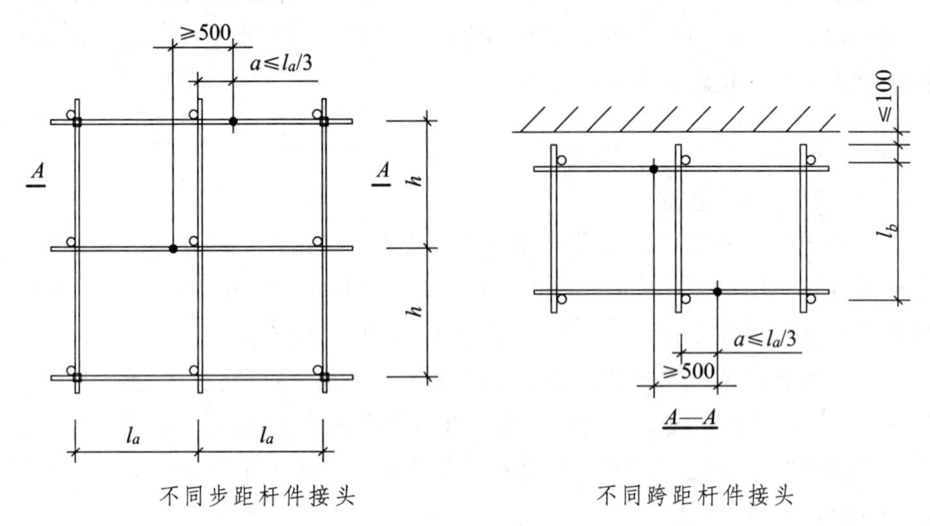

图 3-1 支架构造要求

（4）斜 撑

脚手架外侧立面整个长度间距 3 跨设置斜撑；斜杆与地面的倾角宜为 45°～60°。

（5）脚手板

木脚手板应铺满、铺稳，离开外墙装饰面 150 mm。木脚手板应设置在三根横向水平杆上。木脚手板的铺设可对接平铺，也可搭接铺设，搭接时接头必须支在横向水平杆上，并用 16#扎丝扎实（图 3-2）。每层端部脚手板探头长度 150 mm，脚手板两端应与支承杆用铁丝可靠固定。在拐角、斜道平台口处的脚手板，应与横向水平杆可靠连接，防止滑动。脚手架外侧使用建设主管部门认证的合格绿色密目式安全网封闭，且将安全网固定在脚手架外立杆内侧。选用铅丝张挂安全网，要求严密、平整。脚手架外侧施工作业层必须在 0.6 m、1.5 m 高位置设置 2 道防护栏杆和 18 cm 高挡脚板，栏杆和挡脚板均应搭设在外立杆的内侧。脚手架内侧形成临边的（如遇跳仓变形缝位置等），在脚手架内侧 0.6 m、1.5 m 高位置设置 2 道防护栏杆和 18 cm 高挡脚板。

（6）架体内封闭

脚手架的架体内立杆距墙体净距 150 mm。如因结构设计的限制大于 200 mm 的必须铺设站人板，站人板设置平整牢固。脚手架施工层内立杆与建筑物之间应采用木板进行封闭。施工层脚手板底部用双层网兜进行封闭。

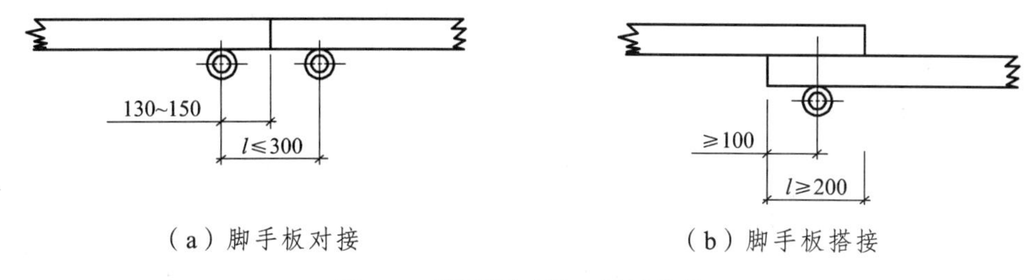

（a）脚手板对接　　（b）脚手板搭接

图 3-2　脚手板对接、搭接构造

（7）防雷接地

避雷针：在脚手架立杆顶端做避雷针，采用ϕ12 镀锌圆钢，长 1.5 m，与脚手架顶端焊接，双面焊接长度 720。将脚手架最上层大横杆全部接通，形成避雷网。

接地装置：采用建筑物自身避雷接地。

引下线：采用ϕ10 镀锌钢筋与墙内避雷引下线焊接，再与脚手架焊接。防雷装置安装完后用电阻表测量电阻是否符合要求，要求电阻小于 10 Ω。在施工期间遇有雷雨时，脚手架上的操作人员应立即撤离到安全地带。及时收听天气预报如有雷暴天气提前通知作业人员。

3.1.2　木模板施工技术

1. 技术准备

施工做法统一技术交底，做法统一，效果才能一致。熟透设计图纸、交底及设计变更，统一配模板方式。所有不光滑模板必须经过压刨，确保接触面光滑、平整。控制线、轴线、墙身线、标高线等已复核，均与设计图纸相吻合；项目部及劳务队管理人员在仔细熟悉图纸的情况下，对现场需要搭设脚手架以及防护架的部位进行掌握，针对不同部位确定相应的脚手架类型，并提前对操作人员进行技术及安全交底，做到搭设规范，一次成型。

2. 模板水平和垂直运输

水平运输：采用人力双轮车从料场运输模板至基坑周边，然后再用人工搬运至模板安装部位。模板拆除后，只能采用人工沿着仓体内水平运输至跳仓段（只浇筑垫层）集中堆放。垂直运输：考虑基坑深度较小，模板用量较小，拟采人工辅助进行垂直运输。

3. 技术参数

相关技术参数见表 3-2、表 3-3。

表 3-2 墙模板支撑技术参数

墙厚/mm	计算墙长/m	墙高/m	竖向次楞	水平主楞	对拉螺栓距地第一道/mm	对拉螺栓间距/mm
300/350/400	25	2700	50×100 木方@200	Φ48 双钢管@600	300	Φ14 对拉螺杆@450×450

表 3-3 顶板模板支撑技术参数

板厚/mm	计算高度/m	板底次楞间距/mm	纵横立杆间距/mm	支撑方式	步距/mm
300/350/400	2 400	200	≤0.9	顶托	1 700
500	3 900	200	≤0.9	顶托	1 100

4. 工艺流程

剪力墙模板：弹出剪力墙位置线或者模板控制线→搭设剪力墙施工模板定位筋埋设满足施工要求→剪力墙模板安装→安装穿墙对拉螺栓→模板支顶→校正垂直和位置。

梁模板：弹梁轴线并复核→搭支模架→调整托梁→摆主楞→安放梁底模并固定→梁底起拱→扎梁筋→安侧模→侧模拉线支撑（梁高加对拉螺栓）→复核梁模尺寸、标高、位置→与相邻模板连固。

板模板：搭内支撑架→测水平→摆主楞→调整楼板模标高及起拱→铺次楞→铺模板→检查模板标高、平整度、支撑牢固情况。

5. 施工方法

（1）模板拼装

模板组装要严格按照模板图尺寸拼装成整体，并控制模板的偏差在规范允许的范围内，拼装好模板后要求逐块检查其背楞是否符合模板设计，模板的编号与所用的部位是否一致。

（2）模板的基准定位工作

首先引柱或者墙轴线，并以该轴线为起点，引出每条轴线，并根据轴线

与施工图用墨线弹出模板的内线、边线以及外侧控制线，施工前 5 线必须到位，以便于模板的安装和校正。标高测量，利用水准仪将建筑物水平标高根据实际要求，直接引测到模板的安装位置。已经破损或者不符合模板设计图的零配件以及面板不得投入使用。支模前对前一道工序的标高、尺寸预留孔等位置按设计图纸做好技术复核工作。

（3）模板支设

砖胎膜：管廊集水坑、变形缝地梁及管廊交叉口位置底模做 100 厚 C15 素砼垫层，侧模用 M7.5 水泥砂浆砌筑 240 厚 MU10 免烧砖做内砖胎膜，粉 1∶2.5 水泥砂浆。

底板侧模及第一段剪力墙安装及加固：依据垫层面弹好的墨线位置进行模板拼装，在外模板与垫层面接触处用水泥砂浆封堵缝隙防止漏浆。底板侧模支撑，在坑壁至侧模间用钢管作支撑，外墙模板吊模部分下部采用加对拉片配合加固，上部用钢管加固，外墙加对拉螺栓上设 40×40×3 止水片于螺杆中间部位，与加对拉螺杆交接处满焊。

集水井侧模安装及加固：集水坑内侧模采用 15 mm 厚胶合板，模板中间采用钢管和木方配合加固，先在场外加工制作成箱形模板，再用 20 吨汽车吊吊装至所在位置。

墙模板安装：剪力墙模板采用 15 mm 厚层板。M16 穿墙对拉螺栓，对拉螺杆长度为墙厚尺寸加 600 mm，山型卡配合加固，对拉螺栓竖向间距同剪力墙模板主楞间距，离地 225 mm 开始布置第一道；墙柱支撑参数见技术参数表。管廊廊体墙壁及夹层外墙及有防水要求的施工部位上对拉螺栓还需加焊 40 mm×40 mm×3 mm 止水钢片。严禁使用 PVC 穿墙管。内龙骨（次楞）采用 50 mm×100 mm 木方，外龙骨（主楞）采用双钢管，钢管规格为 Φ48×3.5，间距见技术参数表。

梁模板安装：梁底、侧模板采用 15 mm 厚胶合板，次楞采用 50 mm×100 mm 木方，外龙骨（主楞）采用双钢管，钢管规格为 Φ48.3×3。

楼板模板采用 1 800 mm×900 mm×15 mm 胶合板，胶合板下做木楞。为保证后序工作的施工质量，减轻施工强度，梁、板支模前引测标高控制线，搭设的支撑架要有足够的强度和刚度。楼板模板安装方法：在水平钢管上按间距 300 mm 铺设 50 mm×100 mm 木枋，引测标高拉线找平后铺设胶合板。梁板支撑采用 Φ48×3 钢管，上设顶托梁，顶托梁采用 Φ48×3 双钢管。

板底支撑：根据模板支撑高度不同选用与之相配套规格的钢管。本工程层高类型有 3 m、2.8 m，采用扣件式钢管脚手架。模板面板采用胶合面板，厚度为 15 mm；板底龙骨采用木方 50×100；间距 200 mm；顶托梁采用双钢管 48×3。扣件式钢管脚手架扫地杆距底 200 mm。立杆垫块 100 mm×100 mm×50 mm 木方。

6. 模板拆除

拆模板前先进行针对性的安全技术交底，并做好记录，交底双方履行签字手续。模板拆除前必须办理拆除模板审批手续，经技术负责人、监理审批签字后方可拆除。拆模顺序应遵循先支后拆，后支先拆，从上往下的原则。模板拆除前必须有混凝土强度报告，强度达到规定要求后方可拆模。

梁、柱、墙侧模在混凝土强度能保证构件表面及棱角不因拆除模板而受损坏后方可拆除。墙模板拆除，先拆除穿墙螺栓，再拆水平撑和斜撑，再用撬棍轻轻撬动模板，使模板离开墙体，然后一块块往下传递，不得直接往下抛。楼板、梁模拆除，应先拆除楼板底模，再拆除侧模，楼板模板拆除应先拆除水平拉杆，然后拆除板模板支柱，每排留 1 ~ 2 根支柱暂不拆，操作人员应站在已拆除的空隙，拆去近旁余下的支柱，使木方自由坠落，再用钩子将模板钩下。等该段的模板全部脱落后，集中运出集中堆放，木模的堆放高度不超过 2 m。有穿墙螺栓的应先拆除穿墙螺杆，再拆除梁侧模和底模。当拆除 4 ~ 8 m 跨度的梁下立柱时，应先从跨中开始，对称地分别向两端拆除。拆除时，严禁采用连梁底板向旁侧拉倒的拆除方法。

3.1.3 铝模模板施工技术

1. 模板参数

本工程管廊标准段模板工程采用铝模施工或者非组合式钢模板（即木模板）自由组合，标准段铝合金模板分为：吊模、侧壁模板、顶模板、模板支撑及模板加固。模板参数如下：铝模板厚度：4 mm；模板封边厚度为：8 mm；标准板尺寸：400×2 500，400×1 100，400×800，400×600，300×2 500；龙骨：MB1000，EB700；站杆间距：不大于 1.2 m；螺杆及背楞间距：不大于 800 mm；螺杆及背楞步距从上到下：440 mm、600 mm、700 mm、700 mm；

销钉眼间距：不大于 300 mm。

2. 施工技术难点和重点

本工程属于市政类工程，基坑支护采用喷锚支护，侧壁施工时因工作面狭窄，存在一定施工难度。铝模板施工时要特别注意轴线、标高及侧壁垂直度的严格控制。本工程侧壁厚度在 300 mm、400 mm，局部 500 mm，墙体厚度较大，侧墙高度为 3.5 m。混凝土浇筑时侧向压力较大，模板施工时要严格控制背楞、对接卡码及对穿螺杆的安装质量，需认真检查螺栓紧固度。

标准段沉降缝处为本工程施工难点，模板施工时此处要作为重点部位进行安装质量检查，要求平顺过渡，变形缝缝隙均匀、横平竖直。管廊主体存在一定的纵向坡度，模板安装要求与模板底面垂直，导致模板的安装难度大，在安装模板前严格控制模板安装标高。管廊主体为线性构件，施工段较长（20 m 为一段），模板材料周转时无法垂直吊运，存在较远距离的水平运输，而且在基坑内只能用人工将模板及相关周转材料运输到施工部位，存在运距长、材料水平搬运耗用人工量大、施工成本高、施工降效等因素，特别是新工作面开设后，模板周转耗费时间，2 ~ 3 天才能转移完成。

管廊铝合金模板孔眼精度高，严格按照模板施工流程进行施工，施工过程中需控制模板拼缝，避免拼缝累积。对拉螺杆均采用三段式止水螺杆，主体结构钢筋直径较大、侧壁预埋件较多，这对侧壁模板安装造成很大的施工难度。三段式止水螺杆，因此严格控制夹撑的安装质量，防止施工过程模板变形影响混凝土成型效果。吊模混凝土浇筑控制好标高，保证吊模上口压槽成型质量。

3. 工艺特点

本施工工艺具有以下特点：

质量轻：铝合金模板每平方米的质量仅为 20 ~ 25 kg。强度高：承载能力高，每平方米可达 30 kN 以上（试验荷载每平方米 60 kN 不破坏）。环保、回收价值高：铝模板是新型的绿色环保建材，即使在使用废弃后，其铝材也可回收利用。施工质量精度高：使用铝模板成型的混凝土侧壁面平整光洁，基本达到清水混凝土程度，可在保证工程质量的同时降低建筑表面的装饰成本。施工效率高：铝合金建筑模板组装方便，可以完全由人工拼装，或者拼装成片后整体由机械吊装。支撑简单：铝合金模板支采用独立支撑，操作空间大，现场易管理。文明施工程度高：现场建筑废料少，整洁、干净。

4. 工艺原理

铝合金模板体系是根据工程工艺施工图纸和结构施工图纸，经定型化设计和工业化加工定制完成所需要的标准尺寸模板构件及与实际工程配套使用的非标准构件。首先按设计图纸在工厂完成预拼装，满足工程要求后，对所有模板构件分区、分单元分类作相应标记。现场模板材料到位后，按模板编号“对号入座”分别安装。安装后，利用可调斜支撑调整模板的垂直度、竖向可调支撑调整模板的水平标高；利用穿侧壁对拉螺杆及背楞保证模板体系的刚度及整体稳定性。在混凝土强度达到拆模强度后，保留竖向支撑，按顺序对侧壁模板、顶板模板进行拆除，迅速进入下一段循环施工。

5. 施工工艺流程及操作要点

（1）施工工艺流程

测量放线→底板钢筋绑扎→底板吊模安装→隐蔽工程验收→底板混凝土浇筑→测量放线→侧壁钢筋绑扎→预埋件预埋→隐蔽工程验收→侧壁铝合金模板安装→顶板铝合金模板安装→铝合金模板校正加固→顶板钢筋绑扎→预留预埋→隐蔽工程验收→混凝土浇筑并养护→铝合金模板拆除→铝合金模板倒运。

（2）操作要点

① 测量放线

装配模板之前，应在装配位置上进行混凝土水平测量及水平修正。所有水平测量都以临时水平基点为基准。测量时，通常在地板上画正（+）或负（-）来标记测量结果。沿侧壁线高出基准点的地方，应打磨到适当的水平高度。沿侧壁线低于基准点的地方，需用胶合板或木头填塞模板至所需水平高度。混凝土面高出基准点 5 mm 以上的，必须打磨至正确水平度。用于放样的模板系统布置图要校核认可。放样线应连续穿过开口、阳角等至少 150 mm，这样便于控制模板在浇筑前的正确位置。保护好并防止参考点及放样点移动或损坏。

② 铝合金吊模模板安装

用电钻钻孔的方式植入限位钢筋，吊模安装前，抄出模板安装高度，分别在管廊两堵内侧墙的两侧及外侧墙的内侧的竖向钢筋上点焊水平定位钢筋，确保吊模模板的安装高度及保证模板不悬空安装。

根据模板安装图纸安装管廊吊模模板，先安装完外侧模板同时将止水螺杆安装完成；再安装吊模内测模板，按图纸中的模板编号顺序安装，确保内外模板预留止水螺杆眼一一对应。吊模内模板使用竖向背楞加固调直；吊模外模板上口使用横向背楞加固调直，下口背木方打限位钢筋调直，加顶托与基坑锚杆连接加固。如图 3-3。

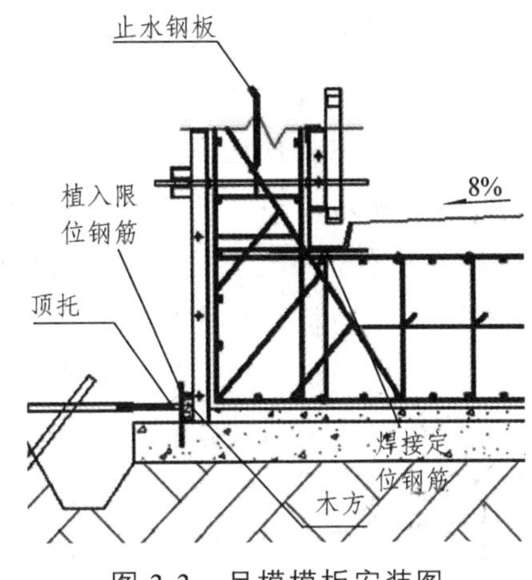

图 3-3　吊模模板安装图

③ 侧壁铝合金模板安装

铝合金模板安装前应保证设计的预埋件、预留洞口已留置好，管线已铺设完毕；侧壁钢筋绑扎安装完毕并已验收合格；管廊内侧壁吊模及外侧壁内模板部分模板拆除，外侧壁外模板部分不可拆除。安装模板前，在已浇筑混凝土侧壁上放出模板安装定位线（定位线标高=施工缝标高-150 mm），固定木方作为模板落脚垫，以保证不悬空安装（见图 3-4）。

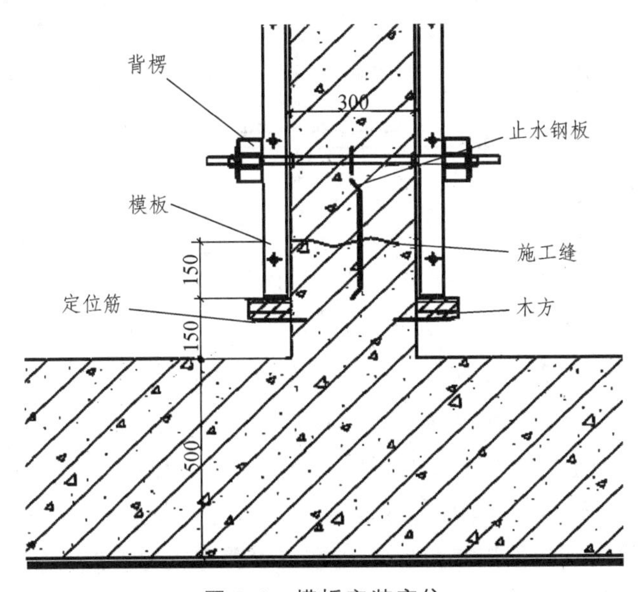

图 3-4　模板安装定位

铝合金模板的安装按照先内侧壁、后外侧壁的顺序安装，安装完毕后应进行垂直度及水平标高的调整。安装模板之前，需保证所有模板接触面及边缘部已进行清理和涂油。当侧壁模板出现偏差时，通过调整侧壁模在一个平面内轻微倾斜来实现垂直度纠偏。

④ 顶板铝合金模板安装

安装侧壁模和顶板模之前，模板表面先涂脱模剂。安装顶模之前，对侧壁模板进行初步校正，便于顶模板的安装。侧壁模和边角模与侧壁模板连接时，应从上部插入销子以防止浇筑期间销子脱落。安装完侧壁顶边模，即可开始安装顶板模板。按模板布置图组装板模，每排第一块模板与侧壁顶边模连接。第二块模板只需与第一块模板相连。把第三块模板和第二块模板连接上后，把第二块模板固定在站杆上。用同样的方法放置剩下的模板。铺设钢筋之前在顶板模面上完成涂刷隔离剂工作。安装顶模板的同时将竖向支撑调正支撑到位。顶板安装完成以后，应检查全部模板面的标高，可通过可调支撑调整水平度。如图 3-5。

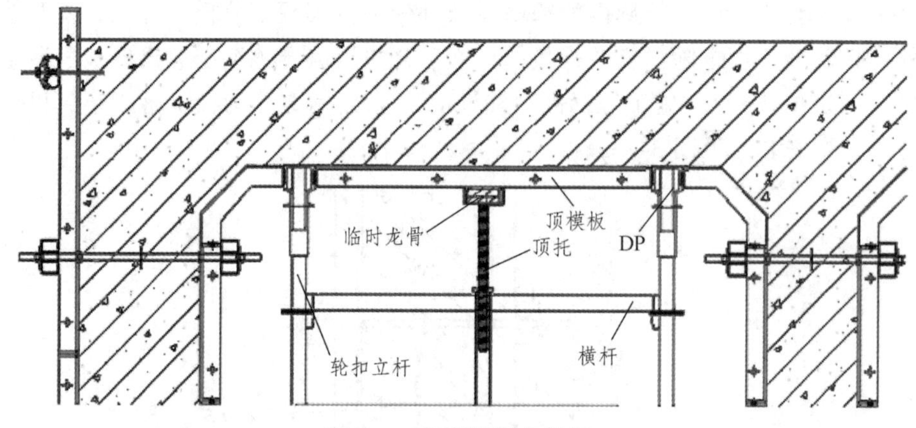

图 3-5　顶板模板安装图

⑤ 铝合金模板加固

顶模板加固，即顶模板的中间位置布置一道与之垂直的临时龙骨，龙骨采用双钢管水平放置于可调顶托上，站杆位置与单顶支撑在同一直线上且垂直，浇筑完混凝土后将临时龙骨拆除。支撑立杆（LG）加固，立杆及临时龙骨立杆加分加三道横杆（HG），1.2 m、0.9 m 的立杆间距使用轮扣横杆连接，其余部分使用钢管扣件连接。3 m 左右布置剪刀支撑。竖向支撑由 LG 180（1.8 m 轮扣立杆）+可调丝杆组合+LG60（0.6 m 轮扣立杆）三个部分从上到下组成。侧壁模板加固：外侧壁模板上口通过预埋 Φ14 丝杆卡钢管加固校直

（见图 3-6 所示）。按图纸安装好模板后从模板的丝杆孔中穿出丝杆，再将丝杆水平焊接在顶板钢筋上，连接丝杆的顶板钢筋，纵横向应增加焊接，牵线校正模板纵线线形及竖线垂直度。

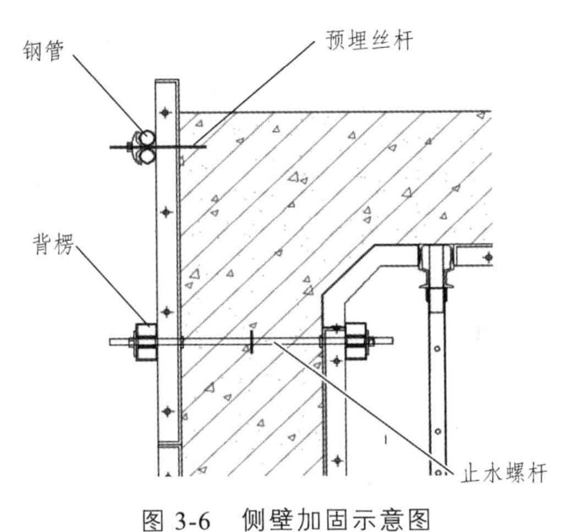

图 3-6　侧壁加固示意图

侧壁内模使用顶托对撑在第一、第三道背楞上，对撑步距不大于 2 m，如图 3-7 所示。

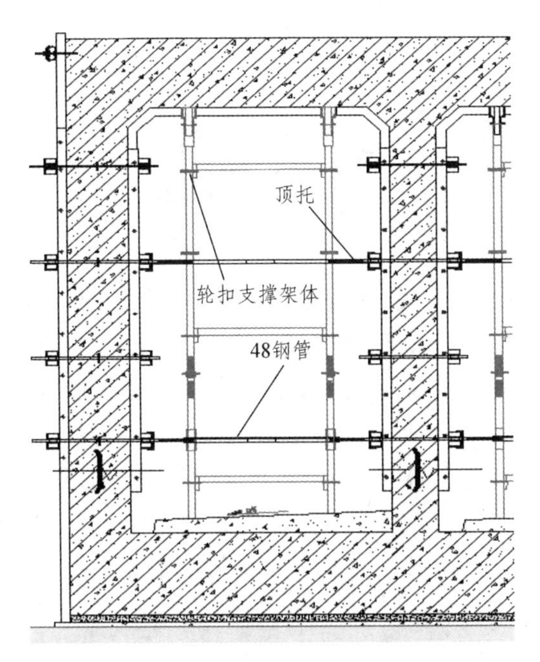

图 3-7　侧壁内模安装

⑥ 管廊侧墙变形缝位置模板及加固

管廊侧墙变形缝位置模板采用铝、木模结合方式布置，侧墙模板的端头增加铝模板，保证铝合金模板超出变形缝外，再将阳角模板（EC200）横向连接在增加模板的外侧。使用胶合板钉木方龙骨后将侧墙端头封堵，再用木方竖向固定在横向的阳角铝模板上。固定好的木方与层板龙骨间使用木锲子卡住，如图 3-8 所示。

侧墙端头处设置钢筋定位卡，保证施工缝位置钢筋保护层的厚度。横向安装在增加模板上的阳角铝模间距不超过 300 mm，且连接不可松动，若使用过程发现阳角模板变形，立即更换。胶合板的龙骨间距不过 300 mm，木锲子数量与龙骨道相同。侧墙施工缝位置浇筑混凝土必须分 3 ~ 4 次浇筑，混凝土振动棒按规范操作。

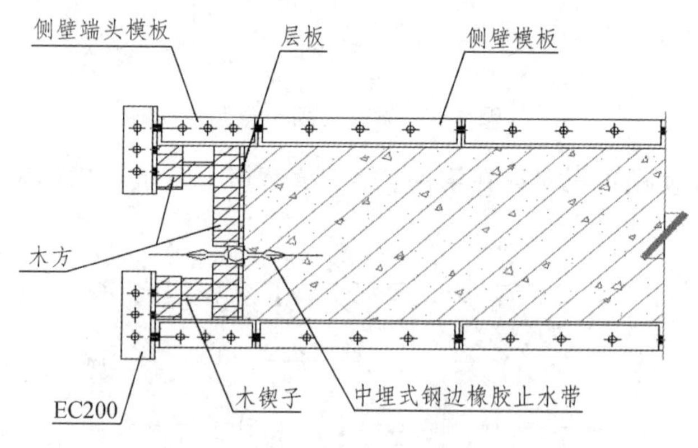

图 3-8　侧墙变形缝位置模板安装图

⑦ 混凝土浇筑与养护

混凝土浇筑期间至少要有两名操作工随时值班，检查销子、楔子及对拉螺丝的连接情况。混凝土浇筑采用泵送浇筑方式进行，施工时应先浇筑侧壁然后再浇筑水平楼板。混凝土需要分层浇筑，并连续进行，防止混凝土出现“冷缝”现象。混凝土浇筑后及时按照规范要求进行养护。根据气温在混凝土浇筑后 8 ~ 12 h 进行浇水养护，养护期间以混凝土表面保持湿润为宜，减少混凝土的内外温差，防止裂缝的产生，加快混凝土早期强度的提高。销子、楔子或对拉螺丝滑落会导致模板的移位和模板的损坏，受到这些影响的区域需要在拆除模板后及时修补。

⑧ 铝合金模板的拆除

混凝土浇筑完毕后，在强度达到规范规定的强度后，填写拆模申请，经校验批准后方可拆除。模板的拆除顺序按照模板的设计进行，遵循“先支后拆，后支先拆，先拆除非承重模板、后拆除承重模板”的原则。

6. 模板拆除工艺

（1）拆除侧壁模板

根据工程项目的具体情况、环境气温等决定拆模时间，一般情况下 24 小时后可以拆除侧壁模。拆除侧壁模之前保证以下部分已拆除：所有钉在混凝土板上的垫木、横撑、背楞、模板上的销子和楔子。在外部和中空区域拆除销子和楔子时要特别注意安全问题，另外在拆模期注意收集材料，则防止销子和楔子的丢失。拆除对拉螺丝时要保证把它整齐地放在适当的区域，为下一段的安装工作做准备。所有部件拆下来以后立即进行清洁工作，越早越好。

（2）拆除顶模

拆除时间：达到设计强度 75%以后可以拆除顶模。拆除工作从拆除板开始，拆除销子和其所在的板模连接杆。紧跟着拆除板与相邻板的销子和楔子。然后可以拆除板模。每一列的第一块模板被搁在侧壁顶边模支撑口上时，要先拆除邻近模板，然后从需要拆除的模板上拆除销子和楔子，利用拔模具把相邻模板分离开来。只能拆除有拆除标志的部件的销子和楔子。顶模比侧壁模与混凝土接触时间更长。拆除下来的模板应立即进行清洁工作。拆除顺序是由安装顺序决定的。

7. 早拆工艺技术

铝合金模板系统“早拆工艺”一是基于普通混凝土凝固的时间温度特性，二是基于模板支撑结构的特殊设计。在施工环境平均温度 20 °C 左右，混凝土强度一般不低于其最大强度 30%。建筑物在合理的配筋条件下，这时混凝土所具有的强度已经能够支撑侧壁自身荷载可能导致的塌落且具有了一定承重能力；配筋合适（质量≥1%）的顶板这时在较大的附加垂直荷载作用下，仍然免不了产生较大的挠度变形甚至导致早期混凝土开裂。因此，钢筋混凝土建筑施工实现早拆，必须与早拆支撑体系科学配合。

早拆支撑结构：铝合金模板早拆支撑结构是借鉴钢模板早拆结构的原理，在科学计算和巧妙的结构构思基础上建立的。计算表明，C30 混凝土抗压强度只有 30%的情况下，顶板在其自身荷载+动荷载不超过 10 kN/m^2，每米长度发生的挠度变形不超过 0.1%时，早拆支撑平面坐标 X方向、Y方向点与点之间最大距离应不大于 1.5 m。早拆支撑点之间最大距离不超过 1.2 m。早拆支撑结构示意图和工程实例图如图 3-9、3-10 所示。

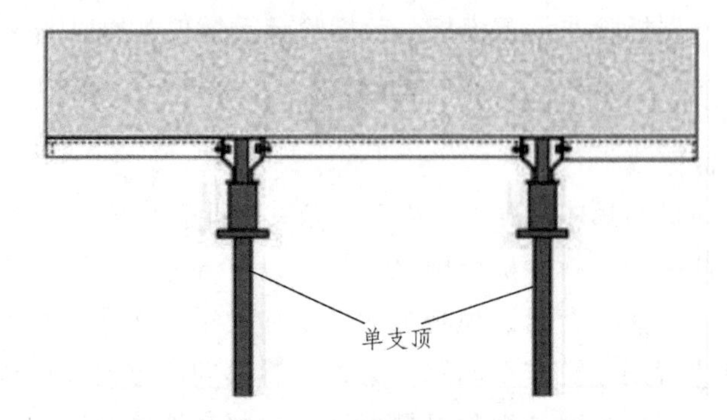

图 3-9 顶板早拆模板结构示意图

图 3-10 顶板早拆支撑实例图

3.2 钢筋混凝土施工技术

3.2.1 管廊钢筋工程施工技术

1. 钢筋加工制作

钢筋进场后安排班组对综合管廊每一节段的钢筋进行放样，并形成放样下料单。放样下料单交施工管理人员核算无误后方可由下料的钢筋工进行下料放样。

（1）钢筋调直

进场的盘圆钢筋需进行冷拉调直后方可进行配料，冷拉设备为卷扬机、滑轮组和钢筋夹具。采用控制冷拉率法，冷拉率必须由试验确定，一般不大于 4%。主要是对盘圆钢筋进行调直，利用卷扬机调直设备拉直钢筋，其调直冷拉率控制在 4%以内。

（2）钢筋切断

同规格钢筋应长短搭配，统筹配料，先断长料，后断短料，减少短钢筋头，降低钢筋损耗。钢筋切断机应安装平稳，断料尺寸应在工作台上用粉笔清晰地标识。在切断过程中如发现钢筋断口有劈裂缩头、断口呈马蹄形等现象时应修整段口。在切断时如发现钢筋硬度与钢种有较大出入时，要对钢筋原材的材质进行复查。钢筋切断长度的允许偏差为±10 mm。

（3）钢筋弯曲成型

钢筋由弯曲机弯曲成型。在钢筋弯曲前，应根据料表尺寸用白粉笔将弯曲点位置在钢筋上标出，弯曲时操作工应控制弯曲力度，一步到位，不允许二次反弯或重复弯曲钢筋。钢筋弯曲成型后的允许偏差：全长±10 mm，起弯点位移±20 mm，弯起高度箍筋边长±5 mm。

（4）钢筋制作

钢筋由专职钢筋放样工程师依据设计要求和规范统一放样。钢筋加工制作时，所有钢筋料单由工长对钢筋加工下料表与设计图纸复核，检查下料表是否有误和遗漏。下料前由工长交底、对每种钢筋要按下料表检查是否达到要求，经过这两道工序检查后，再按下料表放出实样，加工好的钢筋堆放整齐，标识清楚。加工过程中配料单要与配料牌统一编号，注明长度、直径、使用区段部位，以免混用。施工中如需要代换钢筋时，必须先充分了解设计意图和代换材料性能，严格遵守现行钢筋混凝土设计、施工规范的各种规定。钢筋的代换要征得监理工程师同意并经设计单位认可，并有书面通知方可代换。钢筋制作质量是绑扎施工前提，所以钢筋加工要求形状正确，平面上没有翘曲不平现象，钢筋弯曲点不能有裂缝。现场使用的钢筋应平直、表面应洁净，无损伤，表面不得有裂纹、油污颗粒状或片状老锈。使用前必须清理干净，可结合冷拉工艺进行除锈。钢筋全部采用机械加工，手工绑扎安装加工方式。经调节器直后的钢筋不得有局部弯曲、死弯、小波浪形，其表面伤痕不应使钢筋截面积减少 5%。钢筋切断应根据钢筋型号直径、长度和数量，长短搭配，先断长料，后断短料，尽量减少和缩短钢筋短头，以节约钢材。

钢筋弯钩或弯曲：钢筋弯钩有 3 种形式，分别为半圆弯钩（弯曲 180°）、直弯钩（90°）、斜弯钩（135°）。弯曲处内皮收缩，外皮延伸，轴线长度不变，弯曲处形成圆弧，弯起后尺寸不大于下料尺寸，应考虑弯曲调整值。钢筋弯心直径 $2.5d$，平直部分为 $3d$。钢筋弯钩增加长度的理论计算值：对半圆弯钩为 $6.25d$，对直弯钩为 $3.5d$，对斜弯钩为 $4.9d$。弯起钢筋中间单位弯曲起直径 D，不小于钢筋直径的 5 倍。箍筋的未端应做弯钩，弯钩的形式应符合设计要求。箍筋调整值即为弯钩增加长度和弯曲调整值两项之差或和，根据箍筋最外包尺寸或内皮尺寸而定。钢筋的下料长度应根据构件尺寸、混凝土保护层厚度、钢筋弯曲调整值和弯钩增加长度等规定综合考虑。直钢筋下料长度=构件长度-保护层厚度+弯钩增加值。弯起钢筋下料长度=直段长度+斜弯长度-弯曲调整值+弯钩增加长度。箍筋下料长度=箍筋内周长+箍筋调整值+弯钩增加长度。

组装钢筋骨架前要熟悉图纸，并应按图纸和钢筋配料表核对配料单和料牌，逐号进行加工。检查钢筋规格是否齐全准确，形状、数量是否与图纸要求相符。并应按图纸安装顺序和以步骤对号组装防止漏筋。钢筋接头按设计要求设置，钢筋的连接采用机械连接，接头位置按要求错开。钢筋的接头宜设置在受力较小处。同一纵向受力钢筋不宜设置两个或两个以上接头，接头末端至钢筋弯起点的距离不应小于钢筋直径的 10 倍。

2. 钢筋连接

接头的类型和质量应符合规范和设计要求。梁、板钢筋直径≥ϕ22 mm 时，采用等强度直螺纹钢筋连接；梁、板钢筋直径<ϕ22 mm，≥16 mm 时，采用闪光对焊或搭接焊。墙竖向钢筋直径≥ϕ20 mm 时，采用等强度直螺纹钢筋连接；墙竖向钢筋直径<ϕ20 mm，≥16 mm 时，采用电渣压力焊。墙水平钢筋直径≥ϕ20 mm 时，采用等强度直螺纹钢筋连接；墙水平钢筋直径<ϕ20 mm，>16 mm 时，采用闪光对焊或搭接焊。其余均采用绑扎搭接。

（1）直螺纹钢筋连接工艺

钢筋直螺纹连接，等强直螺纹接头的连接，可利用普通扳手进行。连接时，将待安装的钢筋端部的塑料保护帽拧下来露出丝口，并将丝口上的水泥浆等污物清理干净。将带有连接套的钢筋拧到待连接钢筋上，然后用扳手拧紧。等强直螺纹接头拧紧后，应检查钢筋丝头无一扣以上的完整丝扣外露（加长螺纹除外），并在套筒上做出拧紧标记，以便检查。连接水平钢筋时，必须将钢筋托平。

（2）电弧焊接接头施工工艺

钢筋无老锈和油污，焊接前要检查钢筋的级别、直径是否符合设计要求。焊接前查看焊条牌号是否符合要求；焊条药皮应无裂缝、气孔凹凸不平等缺陷。焊接过程中，电弧应燃烧稳定，药皮熔化均匀，无成块脱落现象。焊头的焊缝长度 h 应不小于 $0.3d$，焊缝宽度 b 不小于 $0.7d$。搭接焊时，钢筋必须预弯，以保证两钢筋的轴线在一直线上。搭接焊时，用两点固定，定位焊缝离搭接端部 20 mm 以上。焊接时，引弧在搭接钢筋的一端开始，收弧亦在搭接钢筋端头上，弧坑添满。第一层焊缝要有足够的熔深，主焊缝与定位焊缝，特别是在定位焊缝的始端与终端，必须熔合良好。钢筋搭接长度应满足要求：Ⅲ级钢筋采用单面焊，其焊缝长度 $\geqslant 10d$。

3. 钢筋绑扎安装

（1）底板钢筋绑扎

钢筋网的绑扎，四周两行钢筋交叉点应每点扎牢，中间部分交叉点可相隔交错扎牢，但必须保证受力钢筋不位移。双向主筋的钢筋网，则须将全部钢筋相交点扎牢。绑扎时应注意相邻绑扎点的铁丝扣要成八字形，以免网片歪斜变形。在上层钢筋网下面设置 C20 钢筋马凳[每平方米设置 2 个，马凳高度=板厚−2×保护层厚度，上下平直段为板筋间距（纵向钢筋间距）+50 mm]，以保证钢筋位置准确。钢筋的弯钩应朝上，不能倒向一边；但双层钢筋网的上层钢筋弯钩应朝下。基础为双向钢筋绑扎时，其底面短边的钢筋应放在长边钢筋的上面。

（2）墙钢筋施工

立 2 ~ 4 根竖筋：依托基坑支护锚杆固定竖筋，在竖筋上画好水平筋分档标志，在下部及齐胸处绑两根横筋定位，并在横筋上画好竖筋分档标志，接着绑其余竖筋，最后再绑其余横筋。横筋在竖筋里面或外面应符合设计要求。钢筋的弯钩应朝向混凝土内。剪力墙筋应逐点绑扎，双排钢筋之间按图纸设计绑拉筋（C12），其纵横间距不大于 600 mm，钢筋外皮用塑料卡保护块。剪力墙水平筋在两端头、转角、十字节点等部位的锚固长度以及洞口周围加固筋等，均应符合设计抗震要求。墙钢筋的绑扎，也应在模板安装前进行。

（3）梁筋施工

在梁侧模板上画出箍筋间距，摆放箍筋。先穿梁的下部纵向受力钢筋，将箍筋按已画好的间距逐个分开；放梁的架立筋；隔一定间距将架立筋与箍筋绑扎牢固；调整箍筋间距使间距符合设计要求，绑架立筋，再绑主筋。绑梁上部纵向筋的箍筋，宜用套扣法绑扎，见图 3-11。箍筋的接头（弯钩叠合处）应交错布置在两根架立钢筋上。箍筋在叠合处的弯钩，在梁中应交错绑扎，箍筋弯钩为 135°，平直部分长度为 10*d*，如做成封闭箍时，单面焊缝长度为 5*d*。梁端第一个箍筋应设置在距离墙节点边缘 50 mm 处。梁端与墙交接处箍筋按设计要求加密，其间距与加密区长度均要符合设计要求。梁筋的搭接：梁的受力钢筋直径等于或大于 22 mm 时，宜采用直螺纹套筒连接，小于 22 mm 时，采用焊接接头，搭接长度要符合规范的规定。搭接长度末端与钢筋弯折处的距离，不得小于钢筋直径的 10 倍。接头不宜位于构件最大弯矩处。

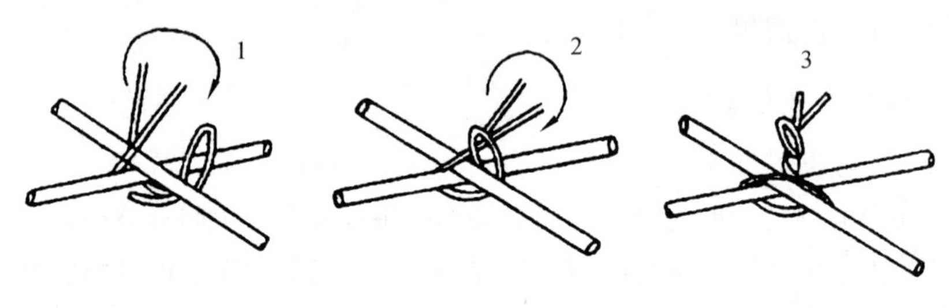

图 3-11　钢筋绑扎工艺

（4）顶板筋施工

清理模板上面的杂物，用粉笔在模板上画纵横筋间距。按画好的间距，先摆放受力主筋，后放分布筋。预埋件、电线管、预留孔等及时配合安装。绑扎板筋时一般用顺扣或八字扣，除外围两根筋的相交点应全部绑扎外，其余各点可交错绑扎（双向板相交点须全部绑扎）。如板为双层钢筋，两层钢筋之间须加钢筋马凳，以确保上部钢筋的位置。负弯矩钢筋每个相交点均要绑扎。在钢筋的下面垫好成品混凝土垫块，间距 1.5 m。垫块的厚度为 35 mm，满足设计要求，钢筋搭接长度与搭接位置的要求符合规定。

（5）钢筋施工控制要点

钢筋骨架组装必须按设计几何尺寸控制形体尺寸。配筋下料和制作、加工尺寸必须准确。钢筋组装前按照图纸中标注的尺寸检查配筋尺寸、放置的位置，不准确的必须调正直至准确为止，组装要牢固，严禁有松动和变形现象。钢筋骨架制作，加工必须按图纸配筋下料，使每号钢筋尺寸与外形准确，组装应牢固、准确、整体性好。钢筋骨架歪斜、扭曲、变形时，应及时进行校正，然后将绑扣牢。适当增加十字绑扣，为增强抵抗变形能力，应增设斜向拉结钢筋和增加点焊，提高钢筋骨架的强度和整体性。墙头处甩出的外伸钢筋要采取利用模板和箍筋固定措施，防止外伸钢筋错位变形。为防止箍筋弯曲变形，必要时应在骨架上增设构造筋。其直径一般采用 10 mm 为宜，并应用与箍筋同直径的钢筋拉筋将构造钢筋联系起来，以增强骨架的整体性。拉筋的设置可每隔 3 ~ 5 个箍筋设置 1 个。钢筋的配制应合理地进行组合，确保接头错开，控制同一区段内接头数。在接头区段有接头的受力钢筋截面面积占受力钢筋总截面面积的百分率，必须符合设计要求。箍筋弯钩的角度和平直长度必须符合设计和规范的规定。组装时应严格控制间距尺寸，开口应错开，绑扎牢固，严禁有松动和位移现象。为了防止受拉区钢筋的位移，必要时应增设钢筋支架固定钢筋的位置，并应在浇筑混凝土之前检查，发现错误马上调整，消除隐患，防止发生事故。为保证管廊主体结构侧墙钢筋的保护层得到有效控制和几何尺寸得以保证，剪力墙采用 ⌀12@600 作为拉钩。

3.2.2 管廊混凝土施工技术

1. 施工工艺流程

与混凝土供应商签订合同→混凝土预定→混凝土运输→混凝土浇筑→混凝土振捣→墙竖向结构混凝土拆模，底板、顶板等水平结构混凝土养护→竖向结构混凝土养护、水平结构混凝土拆模→验收。

2. 混凝土的来源和运输

混凝土汽车泵：现场配备 3 台 47 m 臂长混凝土汽车泵，输送泵应在开工前进场。场外应有 1 台备用泵，必要时运至现场应急。

3. 泵送要求

泵送混凝土时，要求混凝土供应、输送和浇长的效率协调一致，保证泵送工作的连续进行，防止泵的管道阻塞。泵送过程中料斗要有足够的混凝土，不得吸空。泵送过程中严禁加水，严禁泵空。泵送过程中由专人巡视管道，发现漏水漏浆及时修理。泵送过程中，注意堵塞现象，如果泵送间歇时间超过 45 min 或混凝土凝结出现离析时，立即用压力水或其他方法冲洗管内残留混凝土，严防混凝土在管内硬结堵塞。泵送混凝土将结束时，预先准备好排浆管，不得将洗管浆灌入已浇好的工程上。

4. 底板混凝土浇筑

纵向（竖直）施工缝：纵向以 3 cm 宽的变形缝为界，分仓组织施工，不留施工缝。横向（水平）施工缝：普通混凝土段留置一条施工缝，位于底板以上 300 mm 处，施工缝内设 4 mm 厚的普通钢板止水带，带宽 300 mm。待底板钢筋安装完成后，底板混凝土按变形缝设置位置进行分段浇筑，剪力墙钢筋进行提前预插。砼正式浇灌前，应先布置好汽车泵的位置。布置汽车泵位置应提前收捡材料，场地空旷。采用 3 根振动棒振捣，其中一根位于泵管出料口，一根位于剪力墙中部（混凝土流动斜坡中部），一根位于剪力墙底部。浇筑时，采取在混凝土初凝时间内，对已浇筑的混凝土进行一次重复振捣，以排除混凝土因泌水中粗骨料、水平筋下部生成的水分和空隙，提高混凝土与钢筋之间的握裹力，增强密实度，提高抗裂性。混凝土振捣时，在斜坡底部和模板上部会出现大量泌水，可采取在侧模上适当位置预留出水口的措施，泌水由出水口排出。排除泌水和浮浆后，表面仍有较厚的水泥浆，在浇筑 4 ~ 5 h 后，按标高用长刮尺刮平，在初凝前用流筒来回滚压数遍，用木抹子打磨压实，待接近终凝前，用木抹子再打磨压实，使收水裂缝闭合，再覆盖保温材料，保温保湿养护。拆模时间不早于 5 d，底板设专人浇水养护，养护应大于 14 d。

5. 侧墙和顶板混凝土浇筑

模板安装前，在预留施工缝处进行处理，对软弱层，露出石子，用水冲洗干净，并不得有明水。侧墙的混凝土应严格分段分层浇筑，每层厚不超过 500 mm，振捣时振动棒不得碰撞钢筋。混凝土下料点要分散布置，浇筑混凝土要连续进行，间隔时间不应超过 2 h。混凝土浇筑完成后待混凝土初凝后进行覆盖，终凝后浇水养护。

6. 管廊内部找坡层混凝土浇筑

混凝土从通风口、吊装口等预留洞口采用汽车泵放入管廊内部，在管廊内部采用小推车推至浇筑部位进行浇筑。为尽量减少人工推运距离，汽车泵采用多点移动架设，保证人工推运距离在 200 m 以内。因异形段管廊内部存在集水坑，该位置需用钢管、木方、层板搭设混凝土浇筑通道，尺寸为：2 000 mm×2 000 mm。

7. 混凝土试块和养护

（1）混凝土试块制作

试块组数应满足每 100 m³不少于 1 组，每一台班不少于 1 组（坍落度测试次数同试块）。普通混凝土试块尺寸 100 mm×100 mm×100 mm，防水混凝土试块尺寸 175 mm×185 mm×150 mm（圆台），一组 3 块。养护条件（20±2）°C，相对湿度 90%以上，养护龄期 28 d。同条件试块的组数根据实际需要确定，每次不少于 3 组。其中一组作为结构实体检验同条件养护试件，此组试块在达到等效养护龄期时进行检验；另外两组作为模板拆除时结构强度的参考试块。等效龄期按日平均气温逐日累计达到 600 °C·d 时所对应的龄期；等效龄期不应小于 14 d，也不宜大于 60 d。作为拆模的试块，试压日期可根据实际需要确定。在留设实体检测试块时，必须与施工时的天气温度记录表一同归档。同条件试块拆模后装入钢筋笼箱中，放置现场，与现场混凝土同条件养护，确保混凝土强度检测的真实性。

（2）混凝土养护

混凝土浇筑后 12 h，即可进行养护工作。一般采用浇水养护，浇水次数应能保持混凝土处于湿润状态。混凝土强度达到 1.2 MPa 后，方允许操作人员在上行走，进行一些轻便工作，但不得进行有冲击性的操作。根据保山气候条件，冬季混凝土浇筑时控制入模温度，混凝土养护采用透明塑料薄膜保温覆盖。

8. 混凝土拆模

混凝土拆模时的强度应符合设计要求。当设计未提出要求时，应符合下列规定：侧模应在混凝土强度达到 2.5 MPa 以上，且其表面及棱角不因拆模而受损时，方可拆除。混凝土的拆模时间除需考虑拆模时的混凝土强度应满足规定外，还应考虑拆模时混凝土的温度（由水泥水化热引起）不能过高，以免混凝土接触空气时降温过快而开裂，更不能在此时浇注凉水养护。混凝土内部开始降温以前以及混凝土内部温度最高时不得拆模。一般情况下，结构或构件芯部混凝土与表层混凝土之间的温差、表层混凝土与环境之间的温差大于 15 °C 时不宜拆模。大风或气温急剧变化时不宜拆模。在寒冷季节，若环境温度低于 0 °C 时不宜拆模。在炎热和大风干燥季节，应采取逐段拆模、边拆边盖的拆模工艺。

9. 混凝土缺陷处理

混凝土拆模后，如表面有粗糙、不平整、蜂窝、孔洞、疏松麻面和缺棱掉角等缺陷或不良外观时，应认真分析缺陷产生的原因，及时报告监理和业主，不得自行处理。当混凝土表面缺陷经分析不危及到结构或构件的使用性能和耐久性能时，可采用经有关部门批准的技术方案进行修补处理。混凝土表面缺陷修补后，修补或填充的混凝土应与本体混凝土表面紧密结合，在填充、养护和干燥后，所有填充物应坚固、无收缩开裂或产生鼓形区，表面平整且与相邻表面平齐，达到工程技术规范要求的相应等级及标准的要求。修补后混凝土的耐久性能应不低于本体混凝土。除监理工程师批准外，用模板成型的混凝土表面不允许粉刷。

10. 施工技术措施

混凝土浇筑过程中，应随时对混凝土进行振捣并使其均匀密实。振捣宜采用插入式振捣器垂直点振，也可采用插入式振捣器和附着式振捣器联合振捣。混凝土较黏稠时（如采用斗送法浇筑的混凝土），应加密振点分布。预应力混凝土箱梁宜采用侧振并辅以插入式振捣器振捣成型。混凝土振捣过程中，应避免重复振捣，防止过振。应加强检查模板支撑的稳定性和接缝的密合情况，防止在振捣混凝土过程中产生漏浆。

3.3 管廊施工缝留置与处理技术

1. 施工缝留置部位

根据施工工艺要求，管廊标准段混凝土分两次浇筑成型：第一次浇筑至底板以上 50 cm，第二次浇筑顶板和墙。异性段（进排风口、吊装口）混凝土分三次浇筑成型：第一次浇筑至底板以上 50 cm，第二次浇筑顶板以上 50 cm（迎水面剪力墙），第三次浇筑夹层顶板和墙。功能性检查井、排水检查井分三次浇筑成型：第一次浇筑至底板以上 50 cm，第二次浇筑顶板以上 50 cm（迎水面剪力墙和中隔墙），第三次浇筑顶板和墙。交叉口管廊混凝土分三次浇筑成型：第一次浇筑至下层底板以上 50 cm，第二次浇筑上层顶板以上 50 cm（管廊内外墙），第三次浇筑上层管廊顶板和墙。施工缝具体留设详见表 3-4 所示。

表 3-4　施工缝留置一览表

序号	构件部位	施工缝留置
1	管廊各舱室侧墙（内外墙）	管廊底板面以上 50 cm 处
2	功能性检查井侧壁	井室底板板面以上 50 cm 处，管廊顶板板面以上 50 cm 处
3	排水检查井侧壁	井室底板板面以上 50 cm 处，管廊顶板板面以上 50 cm 处
4	各种型号进排风口、吊装口侧墙	管廊夹层顶板外围迎水面剪力墙板面以上 50 cm 处
5	管线分支口	顶板板面以上 50 cm 处
6	分支廊道内外墙	分支廊道底板板面以上 50 cm 处
7	交叉口	支线管廊内外墙底板板面以上 50 cm 处
8	人员出入口	底板、顶板板面以上 50 cm 处

2. 施工缝留置具体方法

（1）管廊标准段各舱室侧墙施工缝留置

按照施工规范及设计要求，管廊各舱室墙体墙施工缝设置于底板板面上 500 mm 处。施工缝处均设置止水钢板，止水钢板规格为 400 mm（宽）×4 mm（厚）。详见图 3-12 所示。

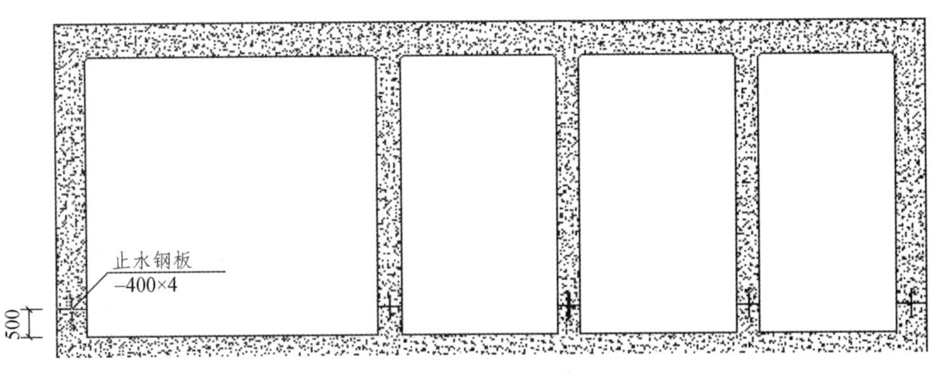

图 3-12　施工缝留置示意图

（2）其他部位施工缝留置

其他部位施工缝留置详见施工缝留置一览表，施工缝处均设置止水钢板，止水钢板规格为 400 mm（宽）×4 mm（厚）。

（3）施工缝的处理

施工缝混凝土终凝后，用铁錾将表面凿毛，清理松动石子，凿深 20 ~ 30 mm。待墙体支模前，用高压水枪将缝面冲洗干净，即要做到：去掉乳皮，微露粗砂，表面粗糙。并在缝面刷素水泥浆一道，浆厚 10 ~ 15 mm。

第4章 城市地下综合管廊安装工程施工技术

4.1 管线预埋施工技术

4.1.1 线管道预埋施工

（1）穿墙、板或顶套管均应采用防水套管，穿墙套管必须在土建钢筋绑扎到套管高度时预埋。套管周围用钢筋加固，并用电焊固定，防止浇砼时移位；楼面套管在模板支撑后埋设，坐标位置以下一层套管为基准，埋设前先用线锤对准下一层套管中心，然后用铁钉自上向下打通模板，铁钉位置就是上一层套管中心，套管高度应高于楼面标准粉刷层厚度 2 cm，这样可以保证以后管道安装的垂直度和防止楼面从套管中渗水。

（2）埋地排水管道的坡度、支磩的设置应符合设计和规范要求，并用水泥砂浆固定。回填土时，派专人看管，以防损坏，影响施工质量；所有立管口及时进行封堵，避免建筑垃圾掉入管内影响排水效果。

（3）对埋地给排水镀锌管镀锌破损部位及丝口外露部分应进行防腐处理。

4.1.2 电气管道预埋施工

（1）电线管道都采取暗敷设，在砼墙或板中，电线管道预埋应按设计要求，计算好开关、插座的标高、位置等；在轻质墙上电线管预埋时必须用切割机沿电线管走向切割，管槽深度根据管径大小而定，而且在电线管安装后用水泥砂浆分层埋实；管道安装后，两头用胶布封死，以防垃圾掉进管子，在穿线时破坏绝缘层而影响安装质量。

（2）由于经框架梁直接进电箱的管道较多，为了使电箱内管道安装整洁美观，施工前可根据工程情况加工几只模子，模子尺寸、管径大小、数量多少，视实际情况而定。模子在框架梁制模时固定在电箱预留孔位置，电线管依次插入模子短管里。电箱开孔严禁用气、电切割开孔，应用开孔机开孔。

（3）电线管弯曲半径应符合规范要求，埋地内管子弯曲半径是管径的 10 倍，墙内管子弯曲半径是管径的 6 倍。施工时用弯管机或专用工具施工。

（4）配电箱、接线盒预埋必须在土建粉刷厚度标准定好后进行，横平竖直，外边与粉刷面齐平，这样可以保证面板安装时紧扣墙面。为了使标高误差在允许范围内，在找准第一口接线盒标高后，其他接线盒用尼龙水平管来控制。

（5）防雷接地一般采用基础钢筋和柱头钢筋，搭接长度和焊接长度应符合规定要求。但应注意基础外留有不少于两个用 cbl2 镀锌圆钢或∠40×4 镀锌扁铁作备用接地，若测试接地电阻值达不到要求，备用接地可作补充。

4.1.3 排水系统预埋施工

1. UPVC 管的安装

安装 UPVC 排水管道前，应先检查管材配件的内外壁是否光滑，无裂纹、气泡及分层，凹陷管子直段应完整，无变形破损，合模线注塑点应光滑。UPVC 排水管安装待土建墙面抹灰完成后进行安装，安装时要注意管子的竖向和水平部分，做到竖向垂直横向符合坡度要求。UPVC 排水管对接时，胶粘剂应涂刷在管件承口内侧，后涂管材插口外侧，胶粘剂涂刷应迅速、均匀、适量，不得漏涂。承插口涂刷胶粘剂后，应立即拨正方向将管子插入承口，用力使管端插入至被接管段的管件内，并将管道旋转 45°～90°，注意旋转时不能太快，管道承插过程不得用锤子敲击。承插接口粘接后，应将挤出的多余胶粘剂擦净。粘接后的承插口的管段，应根据胶粘剂的性能和气候条件，静置至接口凝固为止。冬季施工时固化时间应适当延长。

2. 排水管灌水试验

管道系统试验前，应把不参与试验的部分隔开，封堵好相关的管口。生活排污管、试验高度不应低于该层卫生间卫生器具的上边缘或该层地面高度，满水 15 min 后，液面下降，再灌满持续 5 min，液面不再下降、不渗漏为合格。灌水合格后，做好相关记录。

3. 通球试验

排水立管及水平干管应做通球试验；通球球径以不小于排水管径 2/3 为

宜；通球要必保 100%。

4.2 电气与自动化仪表安装技术

4.2.1 电气安装技术

1. 变压器的安装

主要施工程序为：准备工作→验收→运输→吊装→变压器身安装→附件安装→绝缘油处理。

准备工作：检查安装现场的运输道路是否具备运输条件；检查施工所需的各种机具是否齐全、完整；检查建筑工程应满足安装及检查的条件。

附件验收：变压器的包装及密封良好；产品的型号、规格符合设计要求，附件备件齐全；带油运输的变压器对其本体内的绝缘油进行化学分析，分析结果应符合规范要求。充氮气或干燥空气运输的变压器，其气体压力应符合规范要求。及时做好各项开箱验收记录。

运输：变压器的运输要保证变压器途中的绝对安全，做好一切安全防患措施。

变压器的吊装：室内变压器的吊装只能用手拉葫芦进行，手拉葫芦的固定点在土建施工变压器室屋顶时配合土建预埋吊环。当变压器运至变压器室门口后，利用枕木、滚筒等运到变压器基础旁，再用手拉葫芦吊装就位，如果现场条件允许吊车吊装则优先考虑用吊车吊装。

变压器附件安装：变压器附件的安装按先安大件后安小件，先安铁件后安瓷件的顺序进行。室内变压器大件的安装，如瓷套管、升高座、储油柜，在相应位置上设置吊点，采用手拉葫芦吊装就位。

2. 成套高低压配电盘、箱、柜及二次接线安装

施工顺序：基础型钢安装→开箱检查→吊装就位→找平对正→固定→母线安装。

基础型钢制作要求：基础型钢制作，在对型钢下料前，先检查材料是否符合要求，然后再对型钢进行校直处理，最后再进行下料加工。

吊装就位：根据盘柜大小、现场实际情况，采用吊装方法。可先用吊车或手拉葫芦吊装或吊到就近位置，再用人工方法就位。在吊装过程中采取相

应的保护措施，不能对设备有损坏或外观擦伤。按最里的先进的原则吊装。如果是手车柜，则把小车与柜分开安装，以防柜体、设备变形。

3. 二次回路接线

二次回路接线符合下列要求：按图施工，接线正确；导线与电气元件间采用螺栓连接、插接、焊接或压接；盘柜内的导线无接头，导线芯线无损伤；电缆芯线和所配导线的端部均标明其回路编号，编号正确，字迹清晰，不易脱落。电缆芯线用绑扎带或缠绕管固定；配线整齐、清晰、美观，导线绝缘良好，无损伤；每个接线端子的每侧接线为一根导线，不超过两根导线。对于插接式端子，不同截面的两根导线不接在同一接线端子上。对于螺栓连接的端子，当接两根导线时，中间加平垫片连接；二次回路接地设专用螺丝。

4. 旋转电机的安装

施工程序：开箱检查→解体检查→电气绝缘检查→电气试验→电气接线→空载试车→负荷试车。在连接供电电源回路时，先检查电机的连接方式（包括极性检查），是否与铭牌相符。直流电机检查并调整炭刷的中性位置应正确，检查各绕组极性连接应正确。绝缘检查符合下列要求，否则需要进行干燥处理：电机的电气性能检查试验的结果符合 GB50150—2006 的要求，电动机外壳的有效接地。

5. 电缆桥架的安装

桥架线槽敷设工艺流程如图 4-1 所示。

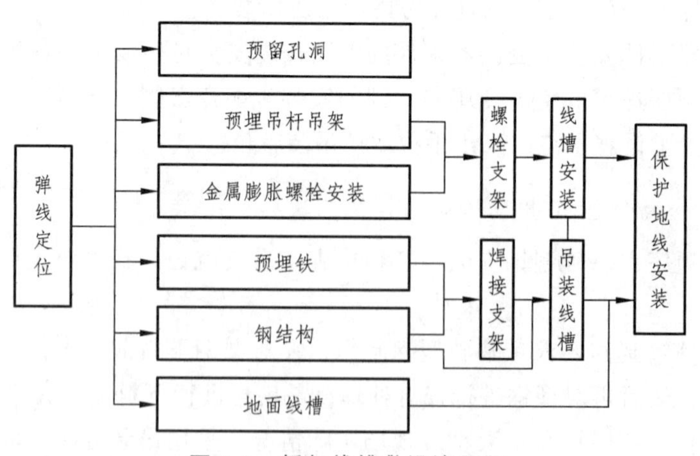

图 4-1　桥架线槽敷设流程图

施工要求：敷设电缆的桥架弯曲半径为敷设外径最大的电缆的 10 倍。桥架、线槽连接板的螺栓应紧固，螺母应位于桥架、线槽的外侧；电的金属外壳均牢固连接为一整体，并可靠接地以保证其全长为良好的电气通路。线槽垂直敷设，应至少每隔 3 m 固定一次。桥架在穿过防火墙及防火楼板时，采取防火隔离措施，防止火灾沿线路延燃，如图 4-2 所示。

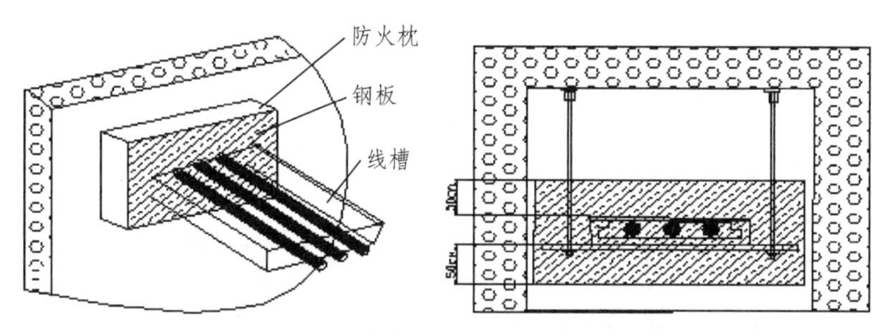

图 4-2　线槽穿过防火墙示意图

对于在先浇筑的混凝土中暗敷设的管道，应随拆模随扫管；对于砖混结构墙体在抹灰前进行扫管，经过扫管后的通畅管路及时穿好带线。穿线时，应两个人相互配合施工，导线预留适当长度以备下一道工序。穿线完毕后，应用 1 000 V 摇表绝缘电阻值不小于 0.5 MΩ，并做好记录。定位根据设备要求的走向及标高，确定支架固定点，并根据固定点的情况，确定支架的形式和尺寸；检查预埋的钢板构件是否牢固，预留孔的位置和尺寸是否符合设计要求。

6. 桥架的敷设

电缆桥架为管沟自用，分强电、弱电、消防。电缆桥架内的电缆应在首端、尾端、转弯及每隔 50 m 处，设有编号、型号及起、止点等标记。横断面的填充率：电力电缆不应大于 40%；控制电缆不应大于 50%。桥架施工时，应注意与其他专业的配合。电缆桥架穿过防火分区时应在安装完毕后，用防火材料封堵，过墙等小缝隙用防火填缝剂 FS-ONE。

桥架和支架、横担的连接固定采用螺栓固定。达到横平竖直，无明显的扭曲。每直线段上水平倾斜偏差不大于±5 mm，中心线左右偏差不大于±10 mm，高低偏差不在于±5 mm；对桥架漆面有损坏处，进行防腐处理。安装完成后的整条桥架接地良好。如图 4-3 所示。

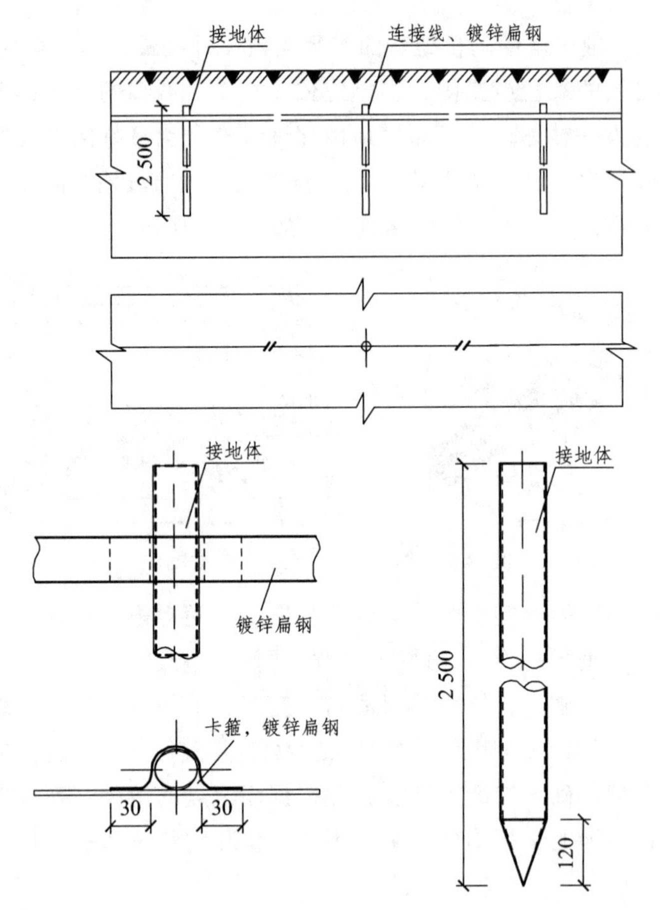

图 4-3　钢管接地体安装

7. 电气照明装置安装

施工程序：穿线管配置→穿线→灯头→灯具安装→试亮。灯具不得直接安装在可燃构件上，当灯具表面高温部位靠近可燃物时，应采取隔热、散热措施；灯具的安装应稳固、牢靠，组合式灯具安装应事先组装试亮后再进行安装；同一室内或场所成排安装的灯具，中心偏差不应大于 5 mm；同一室内安装的插座、开关高度差不应大于 5 mm，并列安装相同型号的插座、开关高差不宜大于 1 mm；照明配电箱应安装牢固，其垂直偏差不应大于 3 mm，暗装时，四周面板边缘应紧贴墙面，无空隙。

8. 防雷接地网安装

防雷接地：本工程采用环形接地系统，接地材料采用铜接地体。屋顶防雷采用避雷带或避雷针，避雷带采用铜制与钢结构（热镀锌扁钢-40×6）可靠焊接。施工要求：根据屋顶弧度制作避雷带，编号后在屋顶进行装配，采用特制铜卡卡接。铜制避雷带与钢结构可靠焊接。针对多股铜线不易接驳、毛细现象的特点，采用以下措施：出外墙处采用转接件转接。多股铜线采用CADWELD放热型焊接工具焊接。

施工顺序：定位→挖接地沟→接地极制作安装→接地线防腐→实测→回填土。

接地有保护接地、中性点接地、防雷接地和逻辑接地。保护接地与防雷接地共用一个接地系统，逻辑接地独立分开，保护接地的接地电阻值小于1 Ω，燃气仓管道防静电接地在管廊内部也接入共用接地系统中以及管廊内综合仓电气配电设备、盘箱柜等的接地；接地体顶面埋设深度应符合设计要求，当无规定时，不宜小于0.6 m；所有焊接部均须采取防腐措施，地下部必须用沥青漆防腐；回填之前，须实测接地电阻值是否达到要求，如果不行，则增加接地极或采取其他方法，回填土宜采用干净的黄土回填并夯实。

9. 调　试

一般电气调试的要求：电气调整工作是电气施工中必不可少的最后一道关键工序，其目的是在电气安装工作基本完成的条件下，并保证人身和设备安全的前提下，使电气装置的性能较好地满足设计和生产工艺要求与安全要求。

4.2.2 自动化仪表安装技术

（1）自动化仪表安装内容：生产过程数据收集及存储；原料数据跟踪；工艺参数设定值下装；主要工艺参数趋势图；生产管理及报表打印。

（2）工程技术人员和施工小组必须做好充分准备工作，包括熟悉图纸，了解工程详细情况，组织施工力量，准备施工机具，准备材料，咨询设备到货情况。施工人员必须在相关现场工作人员配合下结合图纸详细了解情况，做好各自的施工实施细则。同时组织所有施工人员认真学习好国家有关规定，确保施工质量及施工顺利进行。

（3）施工前要与土建、机装、管道安装、电气专业协调好关系，互相配合，若以上安装条件达不到仪表安装条件的，要及时提交项目指挥部解决，直到符合条件方可施工。

（4）仪表调试流程：仪表安装完成后按照规定的流程，在各项工作准备充分的前提下进行调试。调试要求有可靠电源，并有监理等相关人员现场见证。

4.3 通信、消防、视频监控系统安装技术

4.3.1 弱电系统安装技术

弱电施工依据施工工序，大致可分为施工准备阶段、预留预埋阶段、线路敷设阶段、设备安装阶段和系统调试阶段等五个阶段。

施工准备阶段主要是对各系统施工从设备材料、机具和测量设备、技术资料、用水用电、仓库及加工场地、人员等各项施工前期工作进行总体安排，是确保工程施工的前提条件。

预留预埋阶段主要是依据各系统施工图纸，配合土建单位进行管线、箱盒的预埋和孔洞、沟槽的预留工作。该阶段的施工跟土建工程的施工进度和施工部位密切相关，要做好协调统一工作，确保工期。

线路敷设阶段主要是依据各系统施工图纸，进行桥架、线槽、管路以及缆线的敷设安装工作。该阶段的施工与其他设备安装专业及土建施工专业交叉较多，须统筹部署和及时协调，减少甚至杜绝拆改，确保工期和质量。

设备安装阶段主要是依据施工图纸和设备器材安装要求，进行设备安装工作。该阶段与装饰装修专业密切相关，要做好协调沟通工作。

4.3.2 消防系统安装技术

1. 主要施工工艺流程

管路敷设→线缆敷设→设备安装→线缆端接→系统调试→检查验收。

2. 施工工艺

（1）管路敷设

电话管路敷设及配线应符合设计规定。

（2）线缆敷设

线缆敷设一般应符合下列要求：线缆的布放应自然平直，线缆间不得缠绕、交叉等。线缆不应受到外力的挤压，且与线缆接触的表面应平整、光滑，以免造成线缆的变形与损伤。线缆在布放前两端应贴有标签，以表明起始和

终端位置，标签书写应清晰。对绞电缆、光缆及建筑物内其他弱电系统的线缆应分隔布放，且中间无接头。线缆端接后应有裕量。在交接间、设备间对绞电缆预留长度，一般为 0.5 ~ 1 m；工作区为 10 ~ 30 mm；光缆在设备端预留长度一般为 3 ~ 5 m，有特殊要求的应按设计要求预留长度。

线缆的弯曲半径应符合下列规定：对绞电缆的弯曲半径应大于电缆外径的 8 倍。主干对绞电缆的弯曲半径应至少为电缆外径的 10 倍。光缆的弯曲半径应大于光缆外径的 20 倍。

采用牵引方式敷设大对数电缆和光缆时，应制作专用线缆牵引端头。布放光缆时，光缆盘转动应与光缆布放同步，光缆牵引的速度一般为 10 m/min。布放线缆的牵引力，应小于线缆允许张力的 80%，对光缆瞬间最大牵引力不应超过光缆允许的张力，主要牵引力应加在光缆的加强芯上。

（3）设备安装

机柜安装，按机房平面布置图进行机柜定位，制作基础槽钢并将机柜稳装在槽钢基础上。在机柜内安装设备时，各设备之间要留有足够的间隙，以确保空气流通，有助于设备的散热。

配线架安装，采用下出线方式时，配线架底部位置应与电缆进线孔相对应。各直列配线架垂直度偏差应不大于 2 mm。接线端子各种标志应齐全。

各类配线部件安装，各部件应完整无损，安装位置正确，标志齐全。固定螺钉应紧固，面板应保持在一个水平面上。

接地要求，安装机柜、配线设备、金属钢管及线槽接地体的接地电阻值应不大于 1 Ω，接地导线截面、颜色应符合规范要求。

（4）火灾报警及消防控制系统施工工艺

主要施工工艺流程：施工准备→布线导线→火灾探测器的安装→手动火灾报警按钮的安装→火灾报警→控制器的安装→消防控制设备的安装→接地装置的安装→系统调试。

布线要求：火灾自动报警系统传输线路采用绝缘导线时，应采取金属管、封闭式金属线槽等保护方式进行布线。消防控制。通信和警报线路应穿金属保护管，并应暗敷在非燃烧体内，保护层厚度不小于 30 mm；如果必须明敷，应在金属管上采取防火保护措施。不同系统、不同电压、不同电流类别的线路不应穿于同一根管内或同一槽孔内。横向敷设的报警系统传输线路如采用穿管布线时，不同防火分区的线路不应穿入同一根管内。弱电线路的电缆竖井应与强电线路的电缆竖井分别设置。火灾探测器的传输线路应选择不同颜色的绝缘导线，同一工程中相同线别的绝缘导线颜色一致，接线端子应有标号。探测器的“+”线应为红色；“-”线应为兰色。穿管绝缘导线或电缆的总截面积不应超过管内截面积的 40%。敷设于封闭线槽内的绝缘导线或电缆的总截面积不应大于线槽净截面积的 50%。布线使用的非金属管材、线槽及其附件均应采用阻燃材料制成。

探测器安装要求：在宽度小于 3 m 的内走道顶棚上设置探测器时应居中安装，距离不应超过 15 m，探测器至端墙的距离不应大于探测器安装间距的 1/2。探测器至墙壁、梁边的水平距离不应小于 0.6 m。探测器周围 0.5 m 内不应有遮挡物。探测器至空调送风口的水平距离不应小于 1.5 m。探测器应水平安装，如果必须倾斜安装，倾斜角度不应大于 45°。升降机井设置探测器时，应将探测器安装在井道上方的机房顶棚上。下列场所可不设火灾探测器：厕所、浴室等潮湿场所；不能有效探测火灾的场所；不便于使用、维修的场所（重点部位除外）。

报警器安装要求：区域报警器：报警区域内每个防火分区应至少设置一个手动火灾报警按钮，从一个防火分区内任何位置到最邻近的一个手动火灾报警按钮的步行距离不应大于 30 m；手动火灾报警按钮应设置在明显和便于操作的位置，距地面高度为 1.5 m，同时应有明显标志。区域报警器一般安装在值班室和保卫室内。集中报警器：竖向的传输线路应采用竖井敷设，每层竖井分线处应设端子箱，端子箱内最少有 7 个分线端子，分别作为电源复线、故障信号线、火警信号线、自检线、区域号线、备用 1 和备用 2 分线。

消防控制设备安装：如采用槽钢作基础时，应先将槽钢除锈，并刷防锈漆，根据设计要求安装在基础地面上。找平、固定，焊好地线。固定在混凝土基础台上时，应配合土建将地脚螺栓找准埋好。区域和集中报警器总控盘（柜）在安装前应先检查盘（柜）型号是否按设计图要求排列。联接盘（柜）内的控制线：各回路的干线均应对号入座，同时接入有明显标志及绝缘保护的 220 V 电源线及各盘（柜）内的蓄电池装好。有的产品应注意回路电阻是否满足要求。

4.3.3 视频监控系统安装技术

1. 主要施工工艺流程

管线预埋→分线箱安装→线路敷设→终端设备安装→机房设备安装→设

备接线→调试→投入试运行→竣工资料整理→验收交付使用。

2. 系统安装

按照施工技术图的要求，明确安防系统中各种设备与摄像机的安装位置，明确各位置的设备型号和安装尺寸，根据供应商提供的产品样本确定安装要求。根据安防系统设备供应商提供的技术参数，配合土建做好各设备安装所需的预埋和预留位置。根据安防系统设备供应商提供的技术参数和施工设计图纸的要求。配置供电线路和接地装置。摄像机应安装在监视目标附近，不易受外界损伤的地方。其安装位置不易影响现场设备和工作人员的正常活动。通常最低安装高度室内为 2.50 m，室外 3.50 m。摄像机的镜头应从光源方向对准监视目标，镜头应避免受强光直射。摄像机采用 75Ω-5 同轴视频电缆，云台控制箱与视频矩阵主机之间连线采用 2 芯屏蔽通信线缆（RVVP）或 3 类双绞线。必须在土建、装修工程结束后，各专业设备安装基本完毕，在整洁的环境中安装摄像机。从摄像机引出的电缆留有 1 m 的余量，以便不影响摄像机的转动。

摄像机安装在监视目标附近不易受到外界损伤的地方，而且不影响附近人员的正常活动。安装高度室内 2.5 ~ 5 m，室外 3.5 ~ 10 m。云台安装时按摄像监视范围决定云台的旋转方位，其旋转死角处在支、吊架和引线电缆一侧。电动云台重量大，支持其的支、吊架安装牢固可靠，并考虑其的转动惯性，在它旋转时不发生抖动现象。安装球形摄像机、隐蔽式防护罩、半球形防护罩，由于占用天花板上方空间，因此必须确认该安装位置吊顶内无管道等阻档物。解码器安装在离摄像机不远的现场，安装不要明显；若安装在吊顶内，吊顶要有足够的承载能力，并在附近有检修孔。在监控室内的终端设备，在人力允许的情况下，可与摄像机的安装同时进行。监控室装修完成且电源线、接地线、各视频电缆、控制电缆敷设完毕后，将机柜及控制台运入安装。机架底座与地面固定，安装竖直平稳，垂直偏差不超过 3‰；几个机柜并排在一起，面板应在同一平面上并与基准线平行，前后偏差不大于 3 mm，两个机柜中间缝隙不大于 3 mm。控制台正面与墙的净距不小于 1.2 m，侧面与墙或其他设备的净距不小于 0.8 m。监控室内电缆理直后从地槽或墙槽引入机架、控制台底部，再引到各设备处。所有电缆成捆绑扎，在电缆两端留适当余量，并标示明显的永久性标记。

3. 系统的调试

（1）调试准备工作

检查本系统接线、电源、设备就位、接地、测试表格等。用对线工具检查各种设备、器件之间线路连接正确性，并做好测试记录。

（2）单体调试

检查摄像机开通、关断动作，云台操作和防护罩动作的正确性，检查画面分割器切换动作正确性。能够进行独立单项调试的设备、部件的调试、测试在设备安装前进行。如：摄像机的电气性能调试、配合镜头的调整、终端解码器的自检、云台转角限位的测定和调试、放大器的调试等。开启主机系统，运行系统软件，打印系统运行时各种信息，确认总控室和各分控机房中央设备运行正常。各智能控制键盘操作正确。

（3）系统调试

按调试设备的功能或作用和所在部位或区域划分。传输系统的每条线路都进行通、断、短路测试并做标记。遇到 50 Hz 工频干扰，采用在传输线上输入“纵向扼流圈”来消除；当传输本身的质量原因与传输线两端相连的设备输入输出阻抗非 75 Ω 的传输线特性阻抗不匹配时，会产生高频振荡而严重影响图像质量，需在摄像机的输出端串联几十欧的电阻，或在控制台或监视器上并联 75 Ω 电阻。

（4）系统联调

首先检查供电电源的正确性，然后检查信号线路的连接正确性、极性正确性、对应关系正确性。系统进入工作状态后，把全部摄像机的图像浏览一遍，再逐台对摄像机的上下左右角度、镜头聚焦和光圈仔细调整。若是带云台和变焦镜头的摄像机，还要摇动操作杆，使云台对应地转动，再调节镜头。把摄像机的图像显示在各监视器上，检查监视器的工作状态。把全部摄像机分组显示在所有监视器上，观察图像切换情况。检查录像机时，自动倒带后对操作多画面处理器或控制台自动录像，放像后实现录像带的重放。

4. 系统试运行

根据系统软件功能逐项进行功能和系统参数测定，以确认系统运行正确性和可靠性，并做好测试记录。

设备开箱应在建设单位有关人员参加下，按下列项目进行检查，并做出记录：箱号、箱数以及包装情况；设备名称、型号和规格；装箱清单、设备技术文件、资料及专用工具；设备有无缺损件，表面有无损坏和锈蚀等；其他需要记录的情况。设备及其零件、部件和专用工具，均应妥善保管，不得使其变形、损坏、锈蚀、错乱或丢失。设备安装前要清除内部的铁屑、泥土、木块、边角料和焊条等杂物。需进行拆卸清洗时，应把全部拆卸的零部件做好标记，便于以后按原位安装，并应注意：在土建验收合格后进行基础的复测，放线，然后进行设备的安装。安装前按图纸放线，制作安装固定设备支架。整体安装潜水泵，纵横向水平偏差不大于 0.2/1 000。并应在泵的进出口法兰面上进行测量。

轴流风机安装时应固定牢固，纵横向水平偏差不超过 0.2/1 000 mm。与土建预留孔周围的间隙均匀调整。气溶胶灭火装置的安装按图纸、设备说明书及有关规范安装，中心线偏差不超过 5 mm。单机试车时设备转动应灵活，无异常现象。各部密封处应严密无泄漏，潜水泵不容许空运行，必须带负荷运行。液压井盖应开合 5 次以上，应开合到位，无卡塞，开闭灵活。

第 5 章

城市地下综合管廊顶管施工技术

5.1 顶管施工技术概述

5.1.1 顶管技术的概念

顶管施工主要是通过顶管机克服下穿土层阻力，主顶油泵和中继间等顶推工具推动混凝土或钢筋混凝土管道依次跟随顶管机从始发井至接收井并把顶管机从接收井调出的顶推过程。

其中在顶管机与原状土层之间加设一个 0.5 ~ 1.0 m 的混凝土后背墙，这是因为原状土层虽经过压实但仍不能均匀承受千斤顶的反力，故混凝土后背墙主要起到均匀传递千斤顶反力的作用。但正常情况下，在混凝土土墙和千斤顶之间加设一个 200 ~ 300 mm 的槽钢，称之为后背靠，这是因为混凝土土墙其实直接承受几个千斤顶的支撑，故通过后背靠进一步均匀分散千斤顶的反力作用；枕木保证力过渡传递作用，既保证了垂直在一条直线上受力，也较好地传递受力；架台等起到稳固主顶装置的作用；导轨主要有两个作用，一是给予顶推过程中一个很好的导向作用，二是保证顶铁有一个很好的托架。

5.1.2 顶管技术的类别

1. 泥水平衡顶管

泥水平衡顶管施工过程中，泥水仓中时刻保持着含有一定压力的泥水，在水力切削或者机械切削土体时，可以在掌子面上形成一层不透水的薄膜以保持掌子面的稳定而不产生坍塌，同时可以平衡地下土层的土压力和水压力。泥水平衡法是一项很成熟的施工工艺，具有应用范围广、施工进度快等特点。在施工过程中若控制得当的话，地面的变形量可小于 3 cm，每天的顶进距离可达 20 m 以上。泥水平衡顶管施工方法采用水力切削泥土，水力输送弃土以及利用泥水压力来平衡地下水压力和土压力的顶管形式。其管径一般较小，它可以使工作人员无须进入顶管里面，只需要在地表控制室远程操作，顶管顶进路径轴线和管道高程的测量是用激光仪不断地进行实时测量，这样就可以很好地进行纠偏，其工程顶进也比较容易控制。

泥水平衡顶管的主要优点：在覆土层较厚且土质较软的土层可长距离顶进；顶进的速度较快，且不需要很多大型机械的配合，只需要简单的泥水运送车即可，节约了成本，提高了效率；在顶进过程中由于泥水平衡始终存在，这使得掌子面的稳定性较好，而且对土层的扰动性较小，减小了地面沉降。

泥水平衡顶管机适用于各种黏性土和砂性土的土层结构下的管道顶进施工，但地下水流动速度比较快的时候，要严格控制施工进度，防止泥浆护壁被冲走。泥水平衡顶管还适用于长距离顶管的施工，尤其是市政工程中在穿越道路、桥梁、地上建筑物、地下构筑物等对地表沉降要求较高的地段使用泥水平衡顶管施工，不仅可以更好地降低因土体平衡破坏造成的工程周边地表沉降，而且还可节约大量的环境保护的措施费用。其所用的管材既可以是钢管，也可以是预制钢筋混凝土管。

2. 土压平衡顶管

土压平衡顶管施工较之前的泥水平衡顶管施工少了泥水二次分离措施，大大减少了施工的成本，而土压平衡顶管机主要靠顶管机前方的压力感应装置感应顶推压力，并通过控制输土量和顶推速度来相应地控制前方顶推压力，确保掌子面稳定，不发生坍塌事故。土压平衡顶管施工依靠全断面的刀盘切削和支撑土体，它的基本特征是由顶管机全断面的刀盘缓慢旋转，对正面泥土进行切削挖掘，螺旋输送机将泥土从封闭的泥土仓输送到隔舱板的后面，顶管机再向前顶进过程中，泥土仓中挖下的泥土对正面土体产生一定的压力来平衡挖掘面上方的水土压力，维持掘进面的平衡。对土体扰动较小，并且采用干式排土，不仅对周边环境影响和污染较小，而且废弃泥土处理比较方便。

土压平衡顶管的主要优点：适用的土质范围较广，尤其遇到大块砾石等前方阻力较大的土层依然可以较安全地通过，目前国内采用土压平衡顶管施工的案例较多；由于前方具有压力感应装置，可以有效地保证压力的大小，确保掌子面的稳定，不发生坍塌事故；仅仅需要输送泥土，大大减少了机械以及不必要装备的使用，节约了成本；土压平衡由于可以保证顶管前方土体压力处于合适的状态，所以它在对于土体沉降方面的控制效果相当明显。如图 5-1。

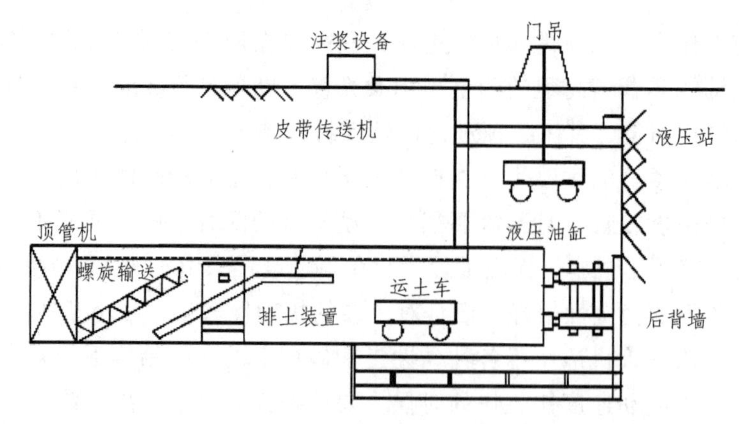

图 5-1　土压平衡顶管

土压平衡顶管适用于穿越建筑物密集的闹市区、公路、铁路、河流特殊地段等地层位移限制要求较高的地区。顶管管材一般为钢筋混凝土，管节接头形式可选用“T”型、“F”型钢套环式和企口承插式等，也可以按工程的要求选用其他材料的管节和接口型式。

3. 气压平衡顶管

气压平衡顶管主要分全气压和局部气压两种，主要通过气压填充顶管管道来平衡地下水土压力，同时保证掌子面的稳定，防止出现塌陷等危险。气压平衡顶管的主要优点：在含水量较大的黏土层中使用效果会较好，因为含水量大避免气体泄露，保证气压平衡地下水土压力。气压平衡顶管机械结构简单，实用性强，且机械故障较少，有利于提高效率，减小维修费用。气压平衡顶管机械所需的工作井较小，便于在繁忙的十字路口或者管线众多的地带灵活施工，相比土压和泥水平衡，更具有灵活操作的优势。如图 5-2。

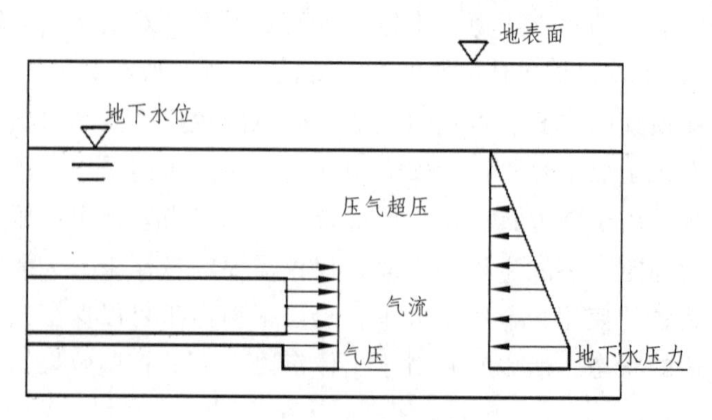

图 5-2　气压平衡顶管

4. 手掘式顶管

手掘式顾名思义就是通过人工而非机械挖土掘进的顶管操作。人工工具主要包括镐、锹、铲等，把从顶管里面挖掘的泥水通过手推车拉出去，由于其设备简单，施工成本低，进度快，一直被延续至今，但也只是适用于短距离、浅覆土、较小管径的顶管作业。手掘式平衡顶管的主要优点：成本低，施工设备简单，进度快，利于在小规模的顶管中运用；工作井要求较低，可便于在不利于小工作井要求的环境下作业施工；基本上具有所有其他顶管施工的所有优点。

5.2 象山路地下综合管廊顶管施工概况

5.2.1 工程概况

保山象山路（永昌路—海棠路）综合管廊工程位于云南省保山市隆阳区象山路（待建道路），西段起点为永昌路，里程桩为 AK0+000，终点为青堡路，里程桩为 BK2+178.186，路线全长约 5 800 m。本工程将在待建象山路下方敷设单舱综合管廊，断面尺寸 $B\times H$=2.4 m×2.4 m。将电力、通信、给水等管线纳入综合管沟。其中圆形顶管施工段位于保山市隆阳区青华海旁，里程桩号为 DGL0+020.043 ~ DGL0+383.003，顶管总长度为 354 m，为直线顶管。管道设计为钢筋混凝土 F 型管，内径 ϕ3 000 mm，外径 ϕ3 800 mm，管道坡度为 0.366%。预制管节为单节 2.5 m，本段约采用单节管节 142 节。该段采用不开槽开挖泥水平衡施工机械顶管施工，顶进推力约需 1 860 t，顶管段平均埋深为 7 m，其中下穿东河段埋深为 2.9 m，施工时需采压重封水处理。管廊自西向东分别下穿青华路、青华湖公园、东河。共设 8 m×8 m 的工作井 2 个，6 m×6 m 的接收井 1 座，分别由东西两侧工作井采用泥水平衡机械顶管施工向接收井顶进。项目工程量见表 5-1。

（1）沉井止水帷幕：止水帷幕采用高压旋喷桩进行施工，直径为 0.6 m，桩长为 18 ~ 19 m，间距为 0.4 m，共计 360 棵。

（2）沉井结构：西侧工作井外包尺寸为 9.6 m×9.6 m，埋深为 12.88 m。井壁及底板采 C35 混凝土，壁厚 0.8 m，底板厚 0.5 m。接收井外包尺寸为 7.6 m×7.6 m，埋深为 10.60 m。井壁及底板采用 C35 混凝土，壁厚 0.8 m，底板厚 0.45 m。东侧工作井外包尺寸为 9.6 m×9.6 m，埋深为 10.56 m。井壁及底板采 C35 混凝土，壁厚 0.8 m，底板厚 0.5 m。

表 5-1　工程量表

序号	项　目	数量	单位	备注
1	工作井后背土体固化加固	448	棵	高压旋喷桩
2	工作井	2	座	现浇下沉
3	工作井、接收井高压旋喷止水帷幕桩	360	棵	高压旋喷桩
4	接收井	1	座	现浇下沉
5	D3000 钢筋混凝土预制管廊	354	米	预制场制作
6	顶管机组	1	组	机头需改装
7	顶管机机头吊装	2	次	每段吊装一次
8	工作井改造	2	座	顶管完成后
9	接收井改造	1	座	顶管完成后

（3）后背墙土体加固：后背墙土体加固施工采用高压旋喷桩施工工艺。工作井后背墙土体加固范围为沿后背井壁方向 11.8 m×6.6 m，采用 Φ600 高压旋喷桩进行加固，桩间相互咬合 20 cm，详见图 5-3 后背墙土体加固平面图，东侧西侧两个工作井各需要高压旋喷桩 224 颗，共计高压旋喷桩 448 颗。

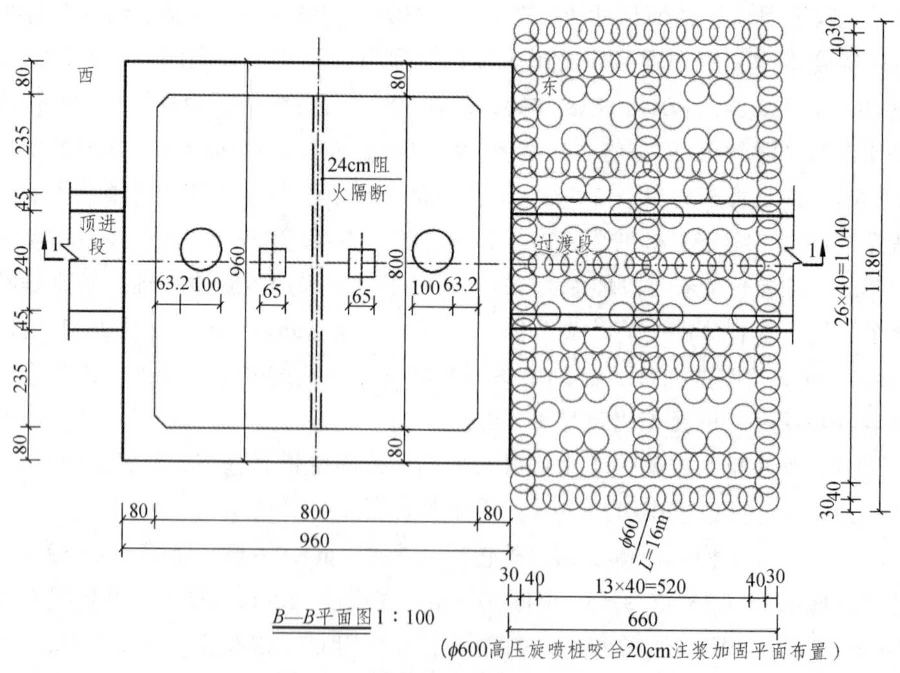

图 5-3　后背墙土体加固平面图

（4）预制顶进管节：管节规格为每节长 2.5 m，采用 C50 混凝土，外径尺寸为 3.8 m（非标准预制管件），内径尺寸为 3 m，壁厚为 0.4 m，每节管节质量约 32 t。根据顶管距离大约需要 142 节。

（5）顶管施工：顶管施工共计约 354 m，采用泥水平衡式顶管机组顶进速率约为 10 m/d。

（6）细部处理：要求管内顶部加 3 m 水头压力，浸泡 24 h 不渗水。钢板套环为 16 锰钢，采用环氧富锌底漆二度，每度 30 u，环氧沥青面漆二度，每度 80 u。钢套环接头内侧应磨平，楔形橡胶圈材料为天然橡胶，接头处强度必须大于 10 MPa，接口平整，无痕迹，不允许有裂口。顶进结束后接头止水压浆，每一个管节有 8 个 DN25 钢管压浆孔，分别成 45°角布置，在止水压浆结束后采用 C25 细石混凝土封堵。

（7）沉井改造：按照设计图及使用功能需求顶管施工完成后，对两个工作井及接收井进行改造。其中西侧工作井改造为管线分支口，分支口尺寸为 1.8 m×1.8 m。东侧工作井改造成机械排风口。东侧工作井改造为自然排风口。其中包括底部二次封底、楼梯制作、沉井封顶及上部结构施工。

5.2.2 工程地质条件

依据“保山象山路（永昌路—海棠路）综合管廊工程地质勘查报告”，顶管施工段在钻孔控制深度范围内，沿线共有地质勘察钻孔 3 个，其中各土层自上而下分述如下（表 5-2）：

第①1 层：杂填土

杂色为主，稍湿，由大量碎石，少量黏性土组成，主要为路基填土。结构松散，分布于场地表层。

第②层：黏土

黄色，灰黄色，可塑状，切面较光滑，韧性干强度高，一般具弱膨胀性，干易开裂，遇水易软化，场地内仅部分钻孔揭露。

第③层：含有机质黏土

灰黑色、褐灰色，软可塑状，软塑状为主，有腥臭味，含未完全腐化的碎木屑，局部相变为泥炭、软塑状黏土、粉质黏土，切面光滑，韧性干强度低。

第④层：黏土

黄白色，褐灰色，可—硬塑状，切面光滑，韧性干强度高，一般具弱—

中等膨胀性。干易开裂，遇水易软化。

第④1 层：粉土

褐灰色，浅灰色，中密状，局部稍密，上部夹薄层状砾砂，饱和，无光泽，摇振反应中等，层间含薄层状粉质黏土、黏土。

表 5-2　岩土层设计参数一览表

地　层	天然地基承载力建议特征值/kPa	直接剪切	
		内聚力/kPa	内摩擦角/(°)
$①_1$杂填土	不计	8	4
②黏土	130	30	7
③含有机质黏土	90	18	4
④黏土	140	32	8
$④_1$粉土	150	20	15

场地稳定性及适宜性分析评价：拟建场地地形平整，地势开阔，勘察范围内及其附近未发现活断层、岩溶、滑坡、崩塌、泥石流、采空区等不良地质现象，地质环境未遭破坏；场地稳定，可设置建构筑物。其中本段顶管施工穿越土层主要为④黏土、④1 粉土。

5.2.3　水文地质条件

（1）气　象

本项目计划工期为 2019 年 8 月至 2019 年 12 月，施工期间处于保山隆阳区雨季期间。保山常年气候温和，无高温天气。由于境内地形、地貌复杂，立体气候明显，降水在地区上的分布差异也较大。全区多年平均降雨量 966.5 mm，多年平均降雨日数 187 d，降雨变差系数 C_v 值为 0.16，多年平均蒸发量 1 611.1 mm，平均相对湿度 75%。根据保山地区的气候环境条件 7—10 月为雨季旺季，雨量大且下雨时间长，在施工场地须采取修建临时截水沟、排水沟、集水井等措施疏导水流，防止雨水流入工作井及接收井内，造成安全隐患和不必要的损失。

（2）水　文

该段顶管施工需要下穿东河，东河宽度 30 m，河底高程为 1 642.680 m，水面高程为 1 643.680 m，现场实测淤泥厚度为 400 mm，水深 600 mm。顶管段管节顶部高程为 1 639.780 m，河底到顶管管顶距离为 2.9 m。东河水文特征如表 5-3。

表 5-3　隆阳区东河水文特征

河流名称	流域面积/km²	比降/‰	最大流量/（m³/s）	最小流量/（m³/s）	平均流量/（m³/s）	途经水系区段	备　注
东河	764	1.61	83	0.02	12.4	下游区	勐波罗河保山段

（3）地　质

经调查，勘察场地范围内及其附近未发现活断层、岩溶、滑坡、崩塌、泥石流、采空区等不良地质现象，场地内亦无埋藏的河道、沟滨、墓穴、防空洞、孤石等对工程不利的埋藏物，地质条件处于地质构造运动活动稳定地段，场地稳定，可进行管廊顶管施工。

5.2.4　工程重点难点分析

（1）该段管廊顶管工程位于青华路西侧至青华海公园内，管廊横穿青华路、青华海公园，横穿东河，施工过程重点是做好地下障碍物清除、环境保护、沿线监测工作。

（2）接收井位于青华湖公园内，导致施工操作范围面积受限。特别是工作井施工范围均为青华海公园中心区域，车辆多、人流量较大、对施工过程造成很大困难，施工作业空间狭小，土方堆放及外运困难。为解决场地狭窄影响施工采取增加机械设备、劳动力等办法，尽可能避免影响公园秩序，施工过程尽可能安排在夜间施工。

（3）沉井下沉、泥水平衡顶管施工过程所产生的弃土、泥浆、污水排放处理难度很大，运输过程容易造成公园内及市政道路的污染，故在运输车辆离开工地前，需对车轮进行冲洗，土方运输应进行覆盖，泥浆运输应检查是否密闭。若土方及泥浆散落，需立即安排人员进行清理。弃土及泥浆运输成本高，城区施工环保要求高，废水、污泥排放难度较大，处理成本高等，施工措施费用较高，工程成本增加。

（4）景区施工过程因人流量较大，安全隐患较大，做好必要的安全防护措施，加强安全措施管理和规范化施工管理。

（5）由于本工程管廊顶管的预制管材设计为内直径 3 m，外直径为 3.8 m，预制管长 2.5 m。管径为非标管材，根据现有的泥水平衡顶管施工机械均为顶进管外直径 3 m 的标准轨道顶管机械，不能满足本工程顶进管廊的施工要求，因此为满足本工程综合管廊的顶进管廊施工，需要定制更换或加大现有泥水平衡顶管机刀盘及壳体，使之与本工程设计管廊外径尺寸相匹配。

（6）东侧工作井顶进进入接收井部分管廊需穿越东河的河流里程（DGL0+120 ~ DGL0+140），河宽跨度约 30 m，穿越河底管廊顶覆土设计要求不小于 3.5 m，如不满足覆土厚度，需做压重处理。依据设计要求，穿越东河的管廊顶管段经现场勘测东河底绝对高程为 1 642.68 m 与穿越顶管段的管顶绝对高程为 1 639.78 m，覆土约 2.9 m 不能满足覆土厚度，需增加做压重处理。

（7）顶管工作面排水：顶管顶进分两段进行，第一段为西侧工作井至接收井，顶进长度约 192 m，坡度为 0.366%，西低东高，此时顶管内渗漏水可以顺坡流至西侧工作井内的集水坑内，进行抽排处理。第二段为东侧工作井至接收井，顶进长度为 162 m，坡度为 0.366%，西低东高，根据坡比，积水最深可达 600 mm，此时顶管内渗漏水集中于顶管机头部分，因此需要在顶管机机头位置平放水泵进行抽排水。

5.3 顶管施工关键技术

5.3.1 顶管施工工艺流程

顶管施工的总体工艺流程如图 5-4 所示。

5.3.2 沉井施工技术

1. 测量放线

施工前，应根据设计图纸坐标及甲方提供的基准点测量定位，同时在沉井周围，且在施工影响范围之外布置坐标控制点和临时水准点。并应填写测量复核单，由甲方和监理认可，施工过程中控制点应加以保护，并应定期检查和复测。在沉井四周设置龙门桩，并用石灰粉划出。井中心轴线、基坑轮廓线，作为沉井制作和下沉定位的依据。

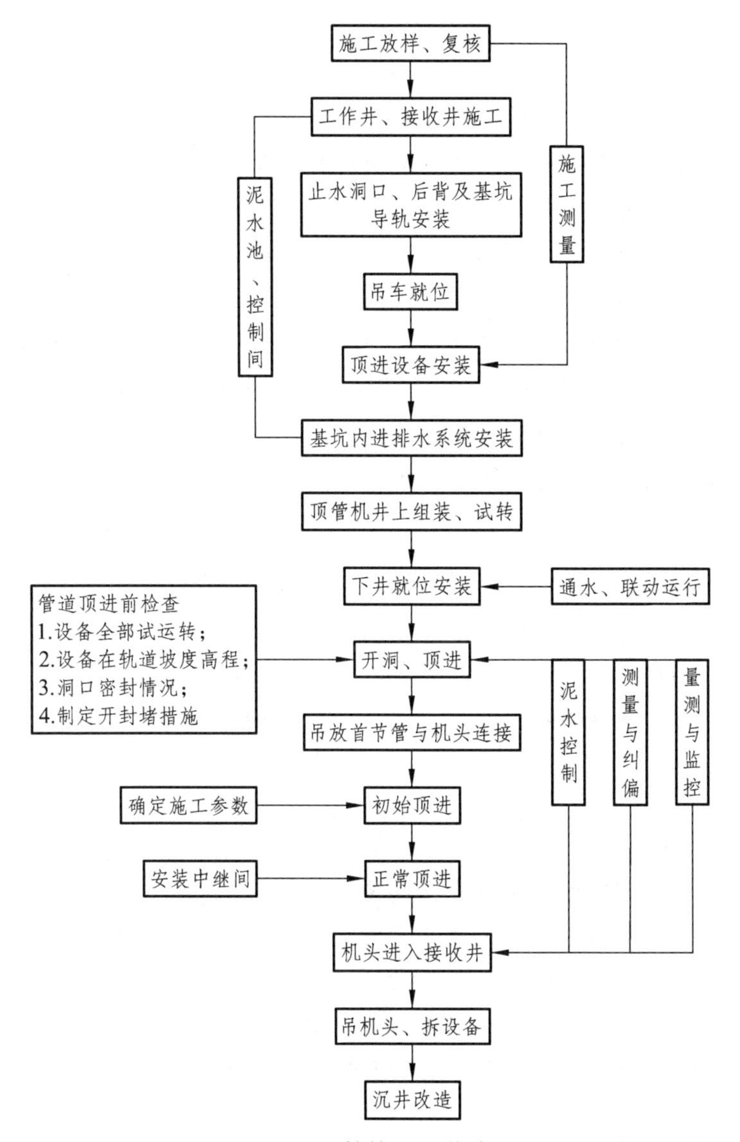

图 5-4　顶管施工工艺流程

导线应根据总平面图布设，所选点位应选择净空地带，并应考虑便于使用、安全和长期保存。角度观测采用全圆测回法进行，测回数及测量限差与方格网角度观测要求相同。本工程高程测量控制网采用三、四等水准测量方法建立。水准网的绝对高程应从业主提供的高级水准点引测并联系于网中一点，作为推算高程的依据。导线控制点和高程控制点均应远离沉井下陷区范围以外，保持 30 m 以外的安全距离，桩应深埋，并设置保护装置，定期检查和校核。

2. 基坑开挖（开挖至地平面下 3 m 位置）

根据本工程各沉井平面尺寸和地质情况，结合施工设计图和标高的要求，决定基坑底面尺寸、开挖深度及边坡大小，定出基坑平面的开挖边线，本工程暂定工作井、接收井分别为开挖至地面下 3 m，放坡为 1∶1，1#、2#工作井及接收井自然地面下 3 m 段采用机械开挖，3 m 以下至井刃脚底采用人工开挖，土方外运采用自卸车运至弃土场地，运距为 14.45 km（弃土运输路线为施工现场→青华路→正阳路→320 国道→板桥镇福禄地弃土场）。沉井基坑四周设置 300 mm×300 mm 排水沟，设置 1 500 mm×1 500 mm 集水井 1 个，采用潜水泵进行抽排，使得水位低于基坑 500 mm。底面浮泥应清除干净并应保持平整和疏干状态。如图 5-5。

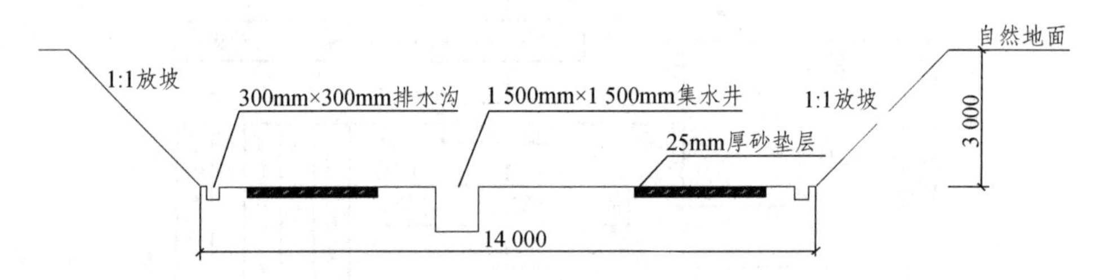

图 5-5　沉井（-3 m）基坑开挖示意图

基坑开挖采用机械挖土和人工修整相结合，挖土应严格控制标高，坑底如遇淤泥或松软土质应彻底清除并采用砂性土回填、整平夯实。1#、2#工作井及接收井，分两次制作，两次下沉。

基坑开挖过程中，应利用随挖随设的排水沟结合集水坑进行排水，以保证基坑施工的需要。挖出土方应及时运走，不得堆置在坑边。

3. 铺筑碎石垫层、砼垫层

基坑开挖结束后，经验收合格，应及时铺筑碎石垫层，砂垫层厚度经计算取 25 cm。砂垫层应振动压实，达到要求，分二次进行铺垫。在铺筑砂垫层前在基坑底部设置集水井，并用水泵抽排水。本工程中每座沉井设集水井 1 个，施工期间应连续排水。

为了扩大沉井刃脚的支承面积，减轻对砂垫层的压力，在砂垫层上铺上一层 C15 素砼垫层 20 cm 厚，素砼垫层的厚度经计算确定，详见计算书。素

砼垫层保证水平，误差小于 5 mm，以便模板及钢筋绑扎施工。且表面抹光以此作为刃脚的底模。待刃脚浇筑完成，混凝土强度达到 75%时，沉井下沉时凿除混凝土垫层，再人工挖土下沉。如图 5-6。

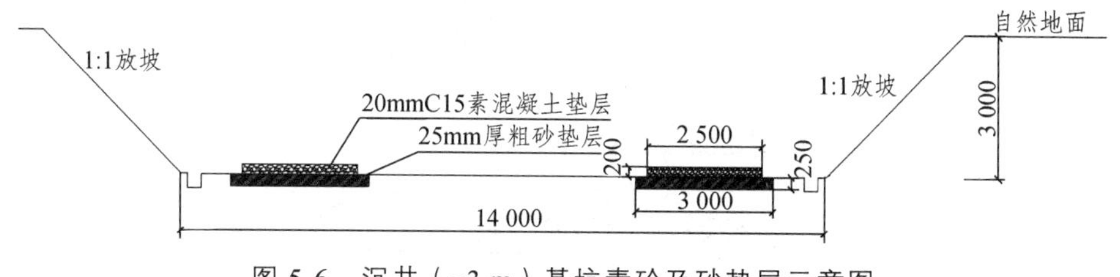

图 5-6　沉井（-3 m）基坑素砼及砂垫层示意图

4. 起重设备

根据沉井的实际情况，沉井结构在制作及下沉阶段，选用 25 t 汽车吊作为起重垂直运输设备，主要用于沉井下沉阶段的泥斗出土方等的吊运。60 型挖掘机吊运采用 120 t 汽车吊吊运入沉井内，待沉井完成沉降后吊出沉井（各沉降井挖掘机分别两次吊入、吊出）。在起吊施工过程中必须由专人指挥吊车升降。

5. 脚手架工程

本工程工作井及接收井内外脚手架均为扣件式钢管脚手架，沉井主体结构施工内外脚手架为落地式满堂脚手架，分别进行三次搭设及三次拆除。其中前两次搭拆在顶管施工前进行，第三次搭拆在顶管完成后，进行沉井封顶改造时进行。沉井主体结构分四段制作，两次下沉。

沿沉井井壁四周组成整体框架结构，每 1.5 m 设抛撑一根，外侧用粗眼安全网封闭，内外脚手架的作业层均铺设跳板，脚手架搭设上下人通道。搭设尺寸为：立杆的横距 0.9 m，步距 1.75 m。小横杆在上，搭接在大横杆上的小横杆根数为 1 根。采用的钢管类型为 Φ48 mm×3.5 mm。

压实填土地基应符合现行国家标准《建筑地基基础设计规范》GB50007 的相关规定，采用回填土分层夯实，压实系数 93%，深度不低于 1 m；面层做 100 mm 厚 C15 混凝土，自沉井边缘向外有 1%坡度并做排水沟。立杆下设底座，平铺一层规格为 200 mm×50 mm 的脚手板；距底座上皮 200 mm 处设纵、横向扫地杆（横向的在下）并用直角扣件扣紧。立杆垫板或底座底面标高高于自然地坪 50 ~ 100 mm。具体做法如图 5-7。

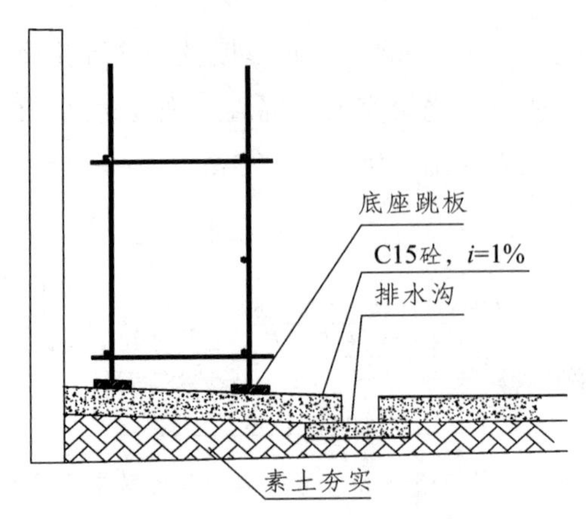

图 5-7　脚手架底座示意图

（1）剪刀撑设置

外立面剪刀撑自下而上连续设置；每道剪刀撑宽度不应小于 4 跨，且不应小于 6 m，斜杆与地面的倾角宜为 45°～60°。剪刀撑斜杆的接长宜采用搭接，搭接长度不应小于 1 m，采用不少于 2 个旋转扣件固定，端部扣件盖板的边缘至杆端距离不应小于 100 mm。剪刀撑斜杆用旋转扣件固定在与之相交的横向水平杆的伸出端或立杆上，旋转扣件中心线至主节点的距离不宜大于 150 mm。

（2）连墙件设置

采用刚性连接（钢管与主体结构一端直接焊接在对拉螺杆上，另一端用双扣件同外架立杆扣牢）架体应通过连墙件与建筑物主体连接牢固。连墙件设置应符合下列规定：架体必须设置连墙件，连墙件与结构的连接应为刚性连接，连墙件应靠近主节点设置，距离主节点不得大于 300 mm；沿水平方向 4.5 m（每隔 3 根立杆），沿高度方向连墙点每 2 m 拉一次。连墙点上下左右对齐设置。装设连墙件时，应保持立杆的垂直度要求，避免拉固时产生变形；连墙杆应垂直于井壁设置，呈水平位置或稍可向脚手架一端倾斜，不允许向上翘起。

（3）脚手架安装

施工顺序：地坪处理→竖立杆→搭设扫地杆→纵向水平杆→横向水平杆→加设剪刀撑→铺设脚手板→在作业面搭设护身栏杆→挂安全网。

6. 模板工程

（1）施工准备

根据各构筑物尺寸、形式确定结构模板平面总图，在总图中标出各构件的型号、位置、数量、尺寸标高及相同或略加拼补即相同的构件替代并编号，以减少配板种类、数量。确定模板配板平面布置及支撑布置。根据总图及编号，并根据砼浇捣时计算的侧压力值，确定纵模钢管规格、数量及排列尺寸，以及支撑系统的纵向支撑、侧向支撑、横向拉接件的型号、间距。轴线、模板线放样。水平控制标高引测到脚手架或其他过渡引测点，并做好预检手续。预组拼装模板，按图纸要求检查对角线、平整、外型尺寸及坚固件数是否有效牢靠，并涂脱模剂、分规格堆放。

（2）模板安装顺序

将已准备好的模板吊装就位，具体工艺流程如下：安装前检查→内侧模板吊装就位→安装斜撑→清理杂物→插入对拉螺栓→安装就位外侧模板→安装斜撑→调整模板位置→紧固穿墙螺栓→斜撑固定。两个工作井及接收井具体模板安装顺序如下：

西侧工作井的主体结构井壁分五次模板制作安装、分别混凝土浇筑完成后拆除：第一次井壁模板制作安装模板高度为基础刃脚 0 ~ 0.9 m，第二次井壁模板安装 0.9 ~ 3.05 m，第三次井壁模板安装 3.05 ~ 6.53 m。待混凝养护土强度达到 75%后第一次沉井下沉。沉降稳定后，第二次接高，第四次井壁模板安装制作高度为 6.35 ~ 9.88 m。第五次井壁模板安装制作高度为 9.88 ~ 12.88 m。井壁部分模板，养护待混凝土强度达到 75%后进行第二次沉井下沉。沉井顶板待顶进管廊顶进施工完成后，再做顶板封顶构件施工。接收井主体结构模板分五次制作安装、分别混凝土浇筑完成后拆除：第一次井壁模板制作安装高度为刃脚 ~ 0.9 m。第二次井壁模板安装 0.9 ~ 2.55 m，第三次井壁模板安装 2.55 ~ 5.73 m。待混凝土养护强度达到 75%后第一次沉井下沉。沉降稳定后，第二次接高，第四次井壁模板安装制作高度 5.73 ~ 8.13 m，第五次井壁模板安装制作高度 8.13 ~ 10.53 m，养护待混凝土强度达到 75%后进行第二次沉井下沉。沉井顶板待顶进管廊顶进施工完成后，再做顶板封顶构件施工。

7. 沉井制作的钢筋工程

根据施工图设计要求，钢筋工长预先编制钢筋翻样单。所有钢筋均须按翻样单进行下料加工成型。钢筋绑扎必须严格按图施工，钢筋的规格、尺寸、数量及间距必须核对准确。井壁内的竖向钢筋应上下垂直，绑扎牢固，其位置应按轴线尺寸校核。底部的钢筋应采用与砼保护层同厚度的水泥砂浆垫块垫塞，以保证其位置准确。井壁钢筋绑扎的顺序为：先立 2 ~ 4 根竖筋与插筋绑扎牢固，并在竖筋上划出水平筋分档标志，然后在下部和齐胸处绑扎两根横筋定位，并在横筋上划出竖筋的分档标志，接着绑扎其他竖筋，最后再绑扎其他横筋。井壁钢筋应逐点绑扎，双排钢筋之间应绑扎拉筋或支撑筋，其纵横间距不大于 600 mm。钢筋纵横向每隔 1 000 mm 设带铁丝垫块或塑料垫块。井壁水平筋在联梁等部位的锚固长度，以及预留洞口加固筋长度等，均应符合设计抗震要求。合模后对伸出的竖向钢筋应进行修整，宜在搭接处绑扎一道横筋定位。浇灌混凝土后，应对竖向伸出钢筋进行校正，以保证其位置准确。钢筋锚固长度 HRB400 钢筋为 $40d$，HRB300 钢筋为 $40d$，搭接长度为锚固长度的 1.2 倍，本工程钢筋采用直螺纹连接。

8. 砼工程

砼浇筑时浇筑的自由高度不应大于 2 m，如超过 2 m 应加串筒浇筑。砼浇筑时应对称平衡进行，采用分层平铺法，分层厚度控制在 50 cm 左右，混凝土浇筑前先在根部浇筑 30 ~ 50 mm 厚的与混凝土同配比的水泥砂浆后，随铺砂浆随浇混凝土，砂浆投放点与混凝土浇筑点距离控制在 3 m 左右为宜，因天气进入雨季，为保证施工进度混凝土中增加早强剂。沉降下沉稳定后结构第二次接高，第 4 次浇筑高度 6.35 ~ 9.88 m。第 5 次浇筑 9.88 ~ 12.88 m。养护待混凝土强度达到 75%后进行第二次下沉。如图 5-8。

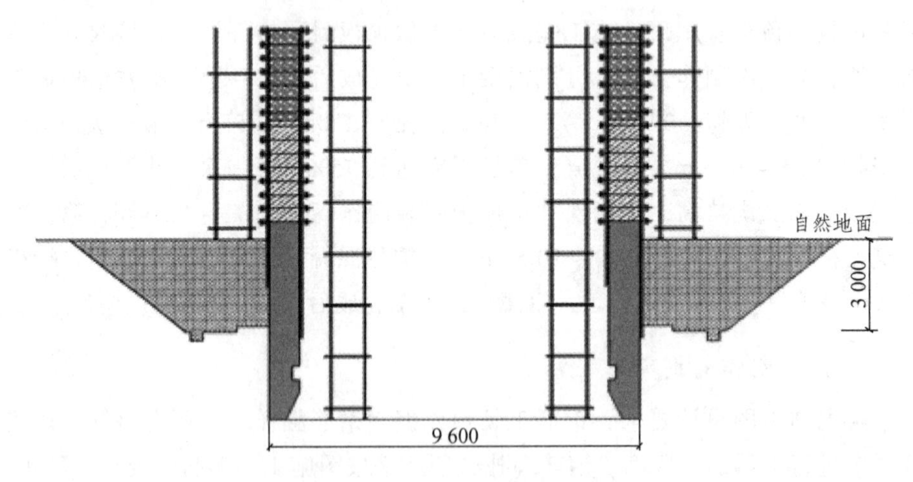

图 5-8　沉井分段浇筑示意

砼布置由专人统一负责指挥，并按规定顺序进行砼布料，由于井壁较厚，应沿井壁四周分层均匀放料，严禁同一侧集中放料，以防爆模。在浇筑过程中，加强沉井平面高差、下沉量的观测，随着砼浇筑总量有增大，测量密度相应增大，如出现意外情况采取相应措施确保沉井施工安全。每次浇筑砼前充分做好准备工作，每次浇砼根据规范做好坍落度抗渗、抗压的试验工作。钢筋、模板及各类预埋件经隐蔽验收合格。砼开浇前全面检查准备工作情况并进行技术交底，明确各班组分工、分区情况，砼入仓前清除仓内各种垃圾并浇水湿润，合格后方可浇注砼。混凝土浇筑时，砼振捣时振捣器应插入下层砼 10 cm 左右，注意不漏振、过振。钢筋密集处加强振捣，分区分界交接处要延伸振捣 1.5 m 左右，确保砼外光内实。钢筋工、木工加强值班检查，发现问题及时处理，保证正常施工，交接班时交清情况后才能离岗。施工缝处理，在沉井上、下节井壁间设置施工缝，施工缝表面砼凿除松散部分，并用水冲清，充分湿润，但不得有积水，施工缝位置采用 300×3 止水钢板止水。砼浇注完毕后，须进行浇水养护，当砼达到一定强度才能拆除模板，至少养护 72 h，承重模板必须达到设计强度后方可拆除。混凝土试块取样：每工作班拌制的同一配合比的混凝土不足 100 m^3时，取样不得少于 1 次且每工作班取样不得小于 1 组。

9. 工作井、接收井预留洞口封堵

严格按照设计图纸的要求设置预留孔，东、西侧工作的井壁设计为直径 3.9 m 顶进管廊预留洞口及 2.4 m×2.4 m 管廊接入预留洞口，接收井东西两侧各设有直径为 4 m 的顶进管廊预留洞口。按设计要求需要在沉井施工前必须进行封闭，取到临时封堵的作用。孔洞均采用 800 mm 厚的砖墙砌筑封堵，外侧采用 25 mm 厚防水砂浆抹面，待开始顶进管廊前拆除。拆除此部分砖砌墙体采用凿岩机打凿拆除，渣土采用土斗装卸汽车吊垂直运输转运到指定场地堆放，由渣土运输车转运到弃土场。

10. 沉井下沉

（1）下沉施工

沉井采用人工与机械取土结合下沉。下沉时沉井第一节强度应达到设计强度的 75%方可下沉。下沉前先凿除刃脚素砼垫层，垫层拆除应先内后外对称进行，并用吊车抓斗将井内杂物清理干净。在沉井四周井壁上画出测量标尺点并设立水平指示尺。

沉井混凝土达到设计强度后，开始沉井下沉。下沉前应将井内的所有杂物清除干净，准备工作就绪后，先敲碎刃脚下混凝土垫层，应有专人负责对称、同步地进行。应随敲随填夯黄砂，在刃脚内外应填筑成小土堤，并分层夯实，同时加强观察，注意下沉是否均匀。当素砼垫层凿除后，沉井重心下移，沉井井壁的四周无摩擦力，沉井的下沉系数很大，掏挖刃脚下的砖土若不均匀，将会使沉井很大地倾斜。沉井的刃脚先采用人工全面同时分层掏挖，挖除的土方先集中在井底中央，让沉井逐渐下沉部分，使沉井刃脚埋在土层中，降低沉井重心。由于沉井在初期下沉过程中，下沉系数较大，故采用人工配合机械挖土。采用 25 吨汽车吊将卡特重工 CT60-7A 挖掘机吊入工作井内，其机身尺寸为长×宽=6 070 mm×1 880 mm，最大挖掘半径为 6 245 mm，工作井内净空为 8 m，满足操作空间要求（图 5-9）。装土采用 1.5 m×1.5 m×1 m 的泥斗。刃脚部位位置采用人工取土，使沉井均匀下称。由沉井中间开始逐渐向四周扩展，每层挖土厚度 500 mm，沿刃脚周围保留 0.5 ~ 1.5 m 土堤，然后沿沉井壁，每 2 ~ 3 m 一段向刃脚方向逐层、对称、均匀地削薄土层，每次 50 ~ 100 mm。当土层受刃脚挤压破裂后，沉井在自重作用下均匀垂直下沉，使不产生过大倾斜。

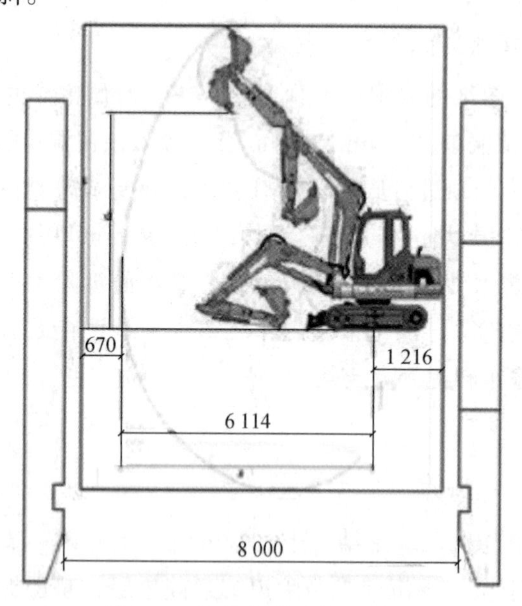

图 5-9　挖机操作空间示意图

施工中，在沉井壁上设 4 个观测点，每天定时测量，一般不少于 4 次。

测量结果的整理是以 4 个点下沉量的平均值作为沉井每次的下沉量，以下沉量最大的一点为基准与其他各点的下沉量相减作为各点的高差，来指导纠偏下沉施工。根据地质报告本工程沉井下面的土质基本上是粉质黏土。沉井下沉前，在沉井外井壁上划好中心线及水平线，在井内挂好线锤测倾斜度，做好沉降标尺。沉井挖土上部采用机械挖土，人工辅助挖土。沉井挖泥应注意均匀对称，由中心向刃脚四周开挖，挖土时控制每层 30 ~ 50 cm，且一切行动听指挥。井内挖土始终应保持中间稍低于四周，但高差需控制在 1 m 之内，严禁深锅挖土，防止突沉造成沉井四周地面沉陷和沉井倾斜的危险。沉井下沉时的指挥者应对井内四周的垂线密切注意，并在沉井四周设观测点，加强下沉过程中观测，发生偏移、扭曲等及时纠正。沉井施工过程中，须对周围环境的变形、沉降进行严密监测。

沉井下沉初阶段纠偏应根据“多沉则少挖，少沉则多挖”的原则，刃脚下挖土要逐步扩大，不能一次过量掏空，不能通过大量挖土来纠偏，纠偏应根据测量数据随偏随纠。当沉井偏斜达到允许值的 1/4 时，便要纠偏，下沉过程中要勤测、勤纠、缓纠。沉井每下沉一次检查一次垂直度与中心轴线。随时检查沉井水平度，加强监护，对地下水及时排除。下沉至接近设计标高 1 m 时，应减速下沉，记录下沉的速度。最后 20 ~ 30 cm 处停止开挖，观测沉井在不开挖的情况下的下沉速度，确保沉井下沉标高严格控制在范围内。坚决防止超挖。如发现特殊土质，应及时报告建设单位、设计单位、监理单位，提前做防止措施。

（2）沉井封底及底板施工

沉井下沉至设计标高后，应先清除污泥等杂物，超挖部分采用碎石夹砂填实，不得用土回填。当沉井下沉至距设计底标高 10 cm 时，应停止井内挖土和排水，使其靠自重下沉至或接近设计底标高，再经过 2 ~ 3 d 的下沉稳定，或经观测在 8 d 内累计下沉量不大于 10 mm 时，即可进行沉井封底。封底由 3 层组成：毛石填充厚度为 1 000 mm，C15 素混凝土厚度为 1 200 mm，以及 C35 P6 混凝土底板厚度为 450 mm，最后再进行厚度为 600 mm 的 C15 混凝土封底，并留设集水井。封底材料在刃脚下必须填实，混凝土垫层应振捣密实，以保证沉井的最后稳定，底板混凝土浇筑后应进行自然养护。在养护期内，应继续利用集水井进行排水。如图 5-10。

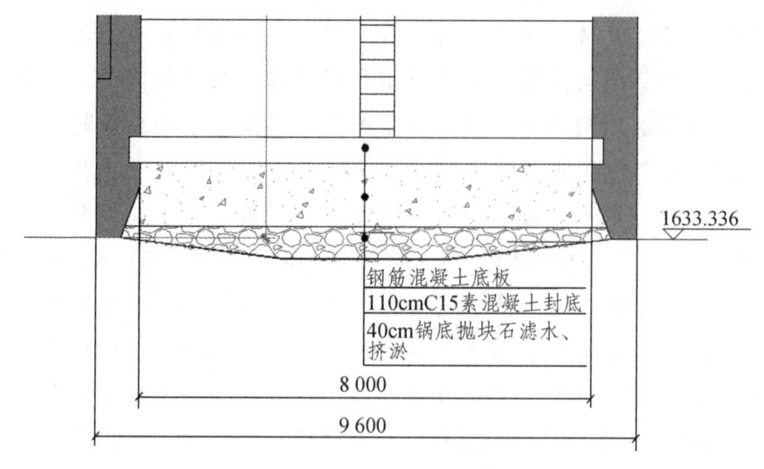

图 5-10　沉井封底示意图

11. 沉井下沉速度控制

为保证沉井下沉的质量，沉井内取土的速度不能太快，每次的土方挖除量控制在 0.4 m^3 左右。小型挖机挖土，人工辅助挖除井壁内侧及井壁四角内侧土方，清平基础，防止挖除速度过快造成偏差位移，也会造成沉井开裂，故在沉井过程中，应加强下沉速度的控制，确保沉井安全下沉。

12. 下沉纠偏

在沉井下沉过程做到，刃脚标高每班至少测量一次，轴线位移每天测一次，当沉井每次下沉稳定后进行高差和中心位移测量。沉井初沉阶段每小时至少测量一次，必要时连续观测，及时纠偏，终沉阶段每小时至少测量一次，当沉井下沉接近设计标高时增加观测密度。尤其是本工程中沉井开始时的下沉系数较大，在施工时必须慎重，特别要控制好初沉，尽量在深度不深的情况下纠偏，符合要求后方可继续下沉。下沉初始阶段是沉井易发生偏差的时候，同时也较易纠正，这时应以纠偏为主，次数可增多，以使沉井形成一个良好的下沉轨道。下沉过程中，应做到均匀，对称出土，严格控制泥面高差。当平面位置和四角高差出现偏差时应及时纠正，纠偏时不可大起大落，避免沉井偏离轴线，同时应注意纠偏幅度不宜过大，频率不宜过高。沉井在下沉过程中发生倾斜偏转时，应根据沉井产生倾斜偏转的原因，可以用下述的一种或几种方法来进行纠偏。确保沉井的偏差在容许的范围以内。

（1）偏除土纠偏

沉井在入土较浅时，容易产生倾斜，但也比较容易纠正。纠正倾斜时，一般可在刃脚高的一侧抓土，必要时可由人工配合在刃脚下除土。随着沉井的下沉，在沉井高的一侧减少刃脚下正面阻力，在沉井低的一侧增加刃脚下的正面阻力，使沉井的偏差在下沉过程逐渐纠正，这种方法简单，效果较好。纠偏位移时，可以预先使沉井向偏位方向倾斜。然后沿倾斜方向下沉，直至沉井底面中轴线与设计中轴线的位置相重合或接近时，再将倾斜纠正或纠至稍微向相反方向倾斜一些，最后调正至使倾斜和位移都在容许范围以内为止。

（2）压重纠偏

在沉井高的一侧压重，最好使用钢锭或生铁块，这时沉井高的一侧刃脚下土的应力大于低的一侧刃脚下土的应力，使沉井高的一侧下沉量大些，亦可起到纠正沉井倾斜的作用。这种纠偏方法可根据现场条件进行选用。

（3）沉井位置扭转时的纠正

沉井位置如发生扭转，可在沉井偏位的二角偏出土，另外二角偏填土，借助于刃脚下不相等的土压力所形成的扭矩，使下沉过程中逐步纠正其位置。

5.3.3 顶管施工设备系统

1. 泥水平衡施工工艺

如图 5-11。

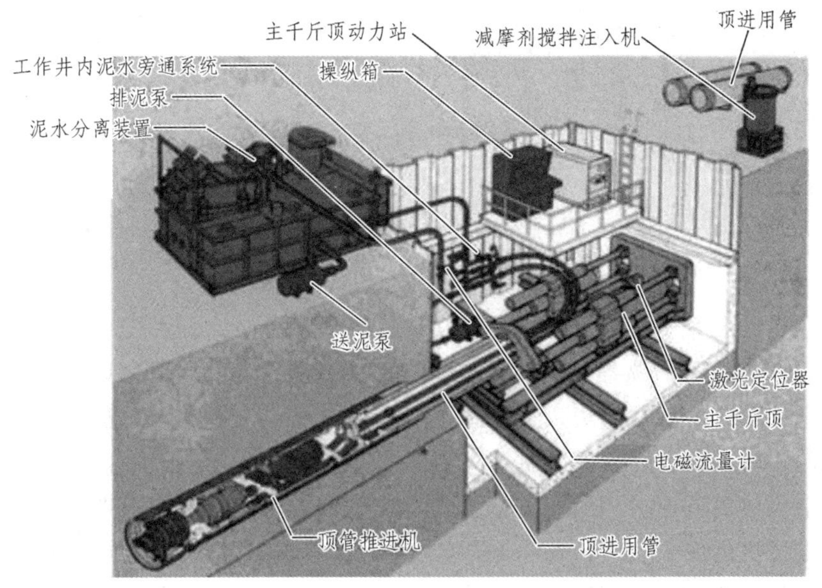

图 5-11　泥水平衡顶管施工示意图

顶管机的刀盘前面切割面安装有合金固定刮刀，刀座和刀盘焊接采用耐磨焊条。刮刀在刀盘的 4 把刀杆上的布置是全段面切割布置，刀盘每转动一周，滚刀和刮刀对前面土体是全段面的刮动。顶管机在主顶装置的推动下，使到坚硬的土体破裂；刮刀对破裂的土体进行切割，掏空前方土体，顶管机向前推进。顶管机的刀盘和泥土仓是个多棱体，且刀盘是围绕主轴作偏心转动，经过刀盘对前方土体切割，当有大块土体或块石进入顶管机泥土仓，经刀盘转动时就会被轧碎，碎块泥土小于顶管机的隔栅孔就进入泥水仓被泥水循环管输送走。

2. 泥水平衡顶管施工的基本原理

如图 5-12。

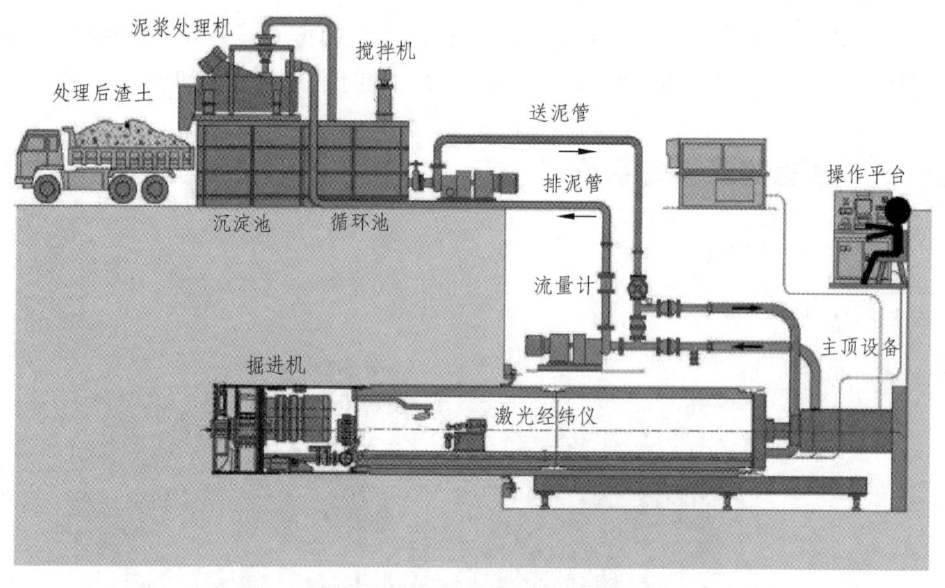

图 5-12　泥水平衡式顶管机

顶管施工是从地面开挖两个基坑井，然后管节从工作井安放，通过主顶千斤顶或中继间的顶推机械的顶进，推动管节从工作井预留口穿出，穿越土层到达接收井的预留口边，然后通过接收井的预留口穿出，形成管道的施工。顶管施工时，通过后座主顶油泵和主顶千斤顶产生推力，推动管道向前推进。在管节推进的同时，顶管掘进机大刀盘切削前方土体，切削下来的土体进入顶管掘进机的泥土仓内，经刀盘的搅拌与进浆管送入的泥浆搅拌成浓的泥浆，再通过排浆管道将浓泥浆排出机头。通过管节一节一节向前推进，顶管掘进机不断推进最后到达接收井，形成整段管道。通过调整进排泥水量，或调整顶进速度，调整顶管掘进机泥水仓的泥水压力，从而保持了挖掘面的稳定。泥水平衡顶管施工泥浆系统工作原理见图 5-12，顶管施工前需先在地面上的泥浆池内搅拌一定量的比重 1.1 ~ 1.2 的泥浆。顶管施工时打开泥浆池的阀门，泥浆通过进泥泵加压，经进浆管进入到顶管掘进机的泥水仓；泥水仓的泥浆在工作井内的排泥泵抽排作用下，泥浆经排泥管排到地面泥水分离器处理，泥渣分离外运，泥浆留在泥浆池内，形成了泥水循环系统。

3. 地面设备安装

顶管工作井安排一台 120 t 汽车吊，负责混凝土管及顶铁吊运和井内、地面的吊装工作，现场内另设临时堆场，供混凝土管及其他半成品、周转材料等堆放，顶管现场考虑一定混凝土管的储存量。工作井围挡内布置工具间、修理间、试验室及水泵房、空压机房、泥浆房等。自动控制台、通信、中央控制均在顶进控制室内。当工作井沉井结束后，土建分部立即撤离有关材料和设备。

（1）起重设备

工作井现场设置起重设备，用于管节运抵现场后，卸车、吊运、下井的吊装作业。因 DN3000 钢筋混凝土管单节质量 24 t，顶管机头总质量 36 t，所以起重设备选用 120 t 汽车吊。吊车站位地基需进行夯实硬化处理，要求地基承载力不得小于 30 MPa。

（2）注浆作业区

注浆系统包括 2 个钢制泥浆存储槽、2 套注浆泵站、泥浆搅拌机、注浆料堆场。注浆料堆场顶部搭设防雨棚，底部离地不小于 20 cm，防止受潮板结。为便于材料运输，靠近重载便道布置。2 根 DN65 注浆管道分别从注浆泵站通往井底。

（3）管节进场验收及存放

管节及构配件等工程材料的产品质量应符合国家有关标准的规定和要求。检查方法：检查产品质量合格证明书、各项性能检验报告，检查产品制造原材料质量保证资料，检查产品进场验收记录；接口橡胶圈安装位置正确，无位移、脱落现象，橡胶圈的外观和任何断面都必须致密、均匀，无裂缝或凹痕等缺陷，应保持清洁，无油污，储存与堆放应避免阳光直晒；遇水膨胀橡胶的邵氏硬度、拉伸强度、体积膨胀倍率等物理性能除应符合现行国家标准《高分子防水材料 第3部分：遇水膨胀橡胶》GB/T18173.3的要求外，断面的几何尺寸还应符合设计图纸的要求。膨胀倍率宜控制在100%～150%。钢套环的材料是否采用16锰钢，是否进行环氧富锌底漆二度，每度30 u，环氧沥青面漆二度，每度80 u，钢套环接头内侧是否磨平。

（4）供电系统

根据现场施工用电情况，从总配电柜接出线路沿围挡墙壁至各用电作业面，并设置二级配电柜；从二级配电柜接线至各用电设备，并设置三级配电柜。

（5）场地内管道安装

工作井场地内管道主要有DN150进排泥管道、DN65触变泥浆管道。为了保证场地内清洁和行车方便，管道均采用DN300套管暗埋方式。

（6）施工场地平面布置

接收井和工作井施工场地采用彩钢板进行封闭围护，场地内采用C25混凝土进行硬化。混凝土地面设置流水坡度，并在场地四周设置排水沟，污水、雨水经排水沟流进沉淀池，沉淀后方可排放。

4. 工作井内布置

工作井内沿顶管轴线方向在临时后座墙上装刚性后座，主顶千斤顶、导轨、刚性顶铁、环形顶铁等顶进设备。工作井边侧设置下井扶梯一座供施工人员上下。管内供电及工作井内电力配电箱均位于工作井内。管内测量起始平台安装在主顶千斤顶之间轴线上，独立与砼底板连接，与千斤顶支架分离，确保顶进时测量平台的稳定。沿井壁依次安装1.5寸压浆管、4寸供水和出泥管、供电、1.5寸供气管线。井内二侧工作平台布置配电箱、电焊机、泥水旁通装置、后座主顶油泵车和顶铁。管内进、排泥管、压浆管、供电、通风管分别安装于混凝土管左右偏下侧，采用L75×75角钢支架固定。管内照明采用24 V低压照明灯，每8 m布置1只。工作井内照明采用高压水银灯。施工期间在工作井内及管道内应配置足量的排水设备，以保证雨季汛期的管道安全。

5. 管道内布置

顶管内布置有动力电缆、进排泥管路、注浆系统管路、通风管以及网格走道板等。除照明电缆和控制电缆在管道中分段分区域布置外，其余全部与顶管管线通长。布置原则，各种电缆与管道分别在两边分开布置，电缆用专用挂钩挂于管道内壁，管道则架设在固定在砼管内的支架上。进、排泥钢管在中继间位置设伸缩节，泥浆管和水管设橡胶软管，电缆做余线，通风管设风琴式波纹管。

6. 设备调试

本顶段设备调试为 DN3000 顶管机调试。顶管机整机在出厂时，已安装调试好，各部件动作均进行过通电空运转检验。为了检验运输和吊装过程中有无异常，在顶管机吊入工作井的基坑导轨上以后必须检查调试一次。检查连接处是否已松动（主要是螺钉连接处），如松动须拧紧。接上电源，检查三相电压是否正常，相位是否正确，如果不正常和不正确，则要设法使其正常，否则严禁开机。供电正常后还需试验一下漏电、触电保护是否工作正常，才可以进行下一步工作。

7. 顶管主要施工设备

（1）主顶系统

主顶系统装置由后座垫铁、导轨、千斤顶及千斤顶支架、后座泵站组成（图 5-13），其作用是完成管道的推进。

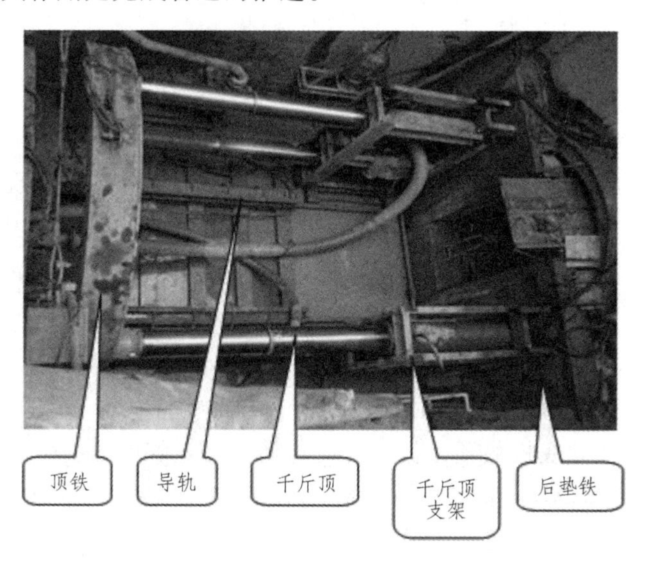

图 5-13　主顶设备安装图

（2）导轨安装

导轨用 45 kg/m 重型钢轨制作，导轨基座焊于 20 # 槽钢上。钢横梁置于工作井底板上，并与底板上的预埋件焊接，使整个导轨系统成为在使用中不会产生位移的、牢固的整体。导轨安装要求如下：导轨选用钢质材料制作，安装后的导轨应牢固，不得在使用中产生位移，并应经常检查。两导轨应顺直、平行、等高，其纵坡应与管道设计坡度一致。导轨安装的允许偏差为：轴线位置 3 mm；顶面高程 0 ~ +3 mm；两轨内距±2 mm。

如图 5-14。

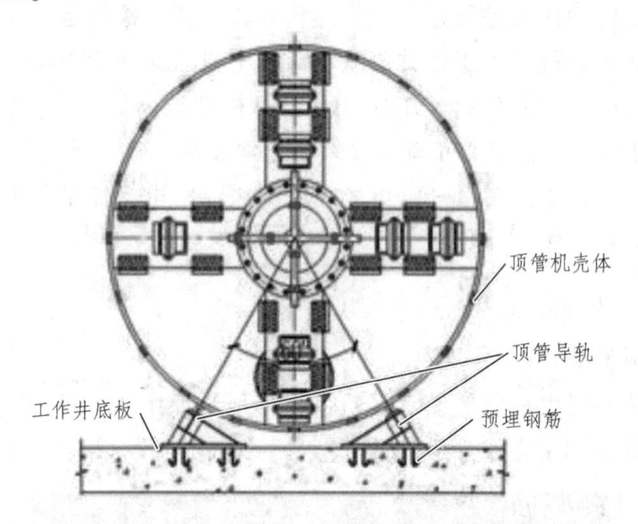

图 5-14 顶管轨道安装示意图

（3）顶管偏移防治措施

基坑内导轨在顶管施工过程中有时会产生左右或高低偏移现象，防治措施如下：对导轨进行加固或更换。把偏移的导轨校正过来，并用牢固的支撑或焊接锚固钢筋固定。垫木应用硬木或型钢、钢板，必要时要焊牢。对工作井底板进行加固。

（4）千斤顶支架

千斤顶支架是用来支撑并固定主顶千斤顶的构件，用 16#槽钢加工而成。支架固定在工作井底板的预留板上，支架体要有足够的刚度，要稳定性好，两支架应平行、等高，其纵坡应与管道设计坡度一致。

（5）主顶千斤顶安装

主顶油缸选用 2 000 kN 的千斤顶，固定在稳固的支架上，支架焊在井底的预留板上，千斤顶着力点应在管轴圆心高度外壁上，对称布置，其合力的作用点在管道的中心上。每个千斤顶的安装纵向坡度应与管道设计坡度一致。使用前应进行调试，要对缸体内进行多次排气，使到缸体伸缩自如，不出现爬行现象。设定工作压力为 25 MPa，防止超压损坏千斤顶。千斤顶的安装应符合下列规定：千斤顶宜固定在支架上，并与管道中心的垂线对称，其合力的作用点应在管道中心的垂直线上；当千斤顶多于一台时，应取偶数，应规格相同，行程同步，每台千斤顶的使用压力不应大于其额定工作压力，千斤顶伸出的最大行程应小于油缸行程 10 cm 左右。当千斤顶规格不同时，其行程应同步，并应将同规格的千斤顶对称布置；千斤顶的油路必须并联，每台千斤顶应有进油、退油的控制系统。

（6）主顶泵站安装

主顶泵站是给主顶千斤顶供油以及回油的设备，为千斤顶提供动能，该泵站压力最大 31.5 MPa，安装在工作井边，靠近操作台，方便操作，可自动化控制。

（7）顶进后座钢靠背安装

钢靠背是指工作井后部，安装在工作井后座墙与主千斤顶之间的钢结构件。它的作用是把主千斤顶产生的集中在几个点上的巨大推力的反力，均匀地分布在工作井的后座墙上，因此承压壁必须有足够的刚度。它通常采用整体的结构。用吊车将钢靠背吊到工作井后背处，并用经纬仪和线坠配合使承压壁平面与顶进轴线垂直，纵向垂直度满足规范要求。面层配 ϕ16@10 三层钢筋，层间距 5 cm，网片与井壁预埋件焊接固定。钢靠背离工作井井壁距离不小于 500 mm。钢靠背安装好后，用模板补齐承压壁两侧的空隙，插入钢筋网片，浇筑 C35 后背混凝土。后背混凝土尺寸为 $B\times H$=5 m×5 m，厚度 1.5 m，本施工段顶进完毕后进行人工破除后背钢筋混凝土。后座墙的最低强度应保证在设计顶进力的作用下不被破坏，并留有较大的安全度。要求其本身的压缩回弹量为最小，以利于充分发挥主顶工作站的顶进效率。

（8）顶管机

顶管机的作用是切削土体并搅拌均匀和控制顶进的方向。如图 5-15。

顶管机安装调试：机头吊入工作井前应进行详细检查。装、卸机头时应平稳、缓慢，避免冲击、碰撞，并由专人指挥，确保安全。机头安放在导轨上后，应测定前后端的中心的方向偏差和相对高差，并做好记录，机头与导轨的接触面必须平稳、吻合。机头必须对电路、油路、气压、泥浆管路等设备进行逐一连接，各部件连接牢固，不得渗漏，安装正确，并对各分系统进行认真检查和试运行。

图 5-15　顶管机

（9）穿墙止水环

穿墙止水环安装在工作井预留洞口，可以防止地下水、泥砂和触变泥浆从管节与止水环之间的间隙流到工作井。穿墙止水圈的组成部分为：① 预埋钢板环；② 橡胶圈；③ 钢压板；④ 钢压环；⑤ 螺栓。止水环结构采用钢法兰加压板，中间夹装 20 mm 厚的橡胶止水环，该橡胶环具有较高的拉伸率（大于 300）和耐磨性，硬度为 45 ~ 55，永久性变形不大于 10%。借助管道顶进带动安装好的橡胶板形成逆向止水装置。安装固定好后，预埋钢环板与混凝土墙接触面处采用水泥砂浆堵缝止水。

（10）排土系统

泥水式排泥系统主要设备，包括进排泥浆泵、泥浆管、泥水处理装置、泥水箱等。排泥系统有两个作用：一方面是排土，另一方面是平衡地下水。安装调试：泥水处理是指泥水平衡顶管过程中排放出来的泥水的二次处理，即泥水分离。一般采用振动筛与旋流器组合起来进行泥水分离的方法。由振动筛把较粗的颗粒，一般在 1.0 mm 以上的颗粒分离出来，然后由旋流器把较细的颗粒再分离出来。如果颗粒比较细，分离出来的土的含水量比较高，可在其中掺入一定比例的吸水剂，如丙稀酸盐，这种吸水剂可吸去土中的水分，使原来流淌的土变成可运输的干土。泥水系统的进排泥水的调配是确保挖掘面稳定的条件之一，同时也是确保泥水能正常输送不可忽视的一个重要环节。根据地质资料，顶管穿越的土质主要为粉质黏土。所以，进浆泥水的比重调配为 1.05 ~ 1.10。在施工中测试，排浆泥水的比重为 1.25 ~ 1.30，此排浆泥水的比重能确保细砂在输送管内不易沉淀，也能确保挖掘面的稳定。

（11）触变泥浆系统

触变泥浆系统（图 5-16）主要设备，由拌浆、注浆和管道三部分组成。触变泥浆系统的作用：减少顶进过程中的管节与土体的摩阻力。

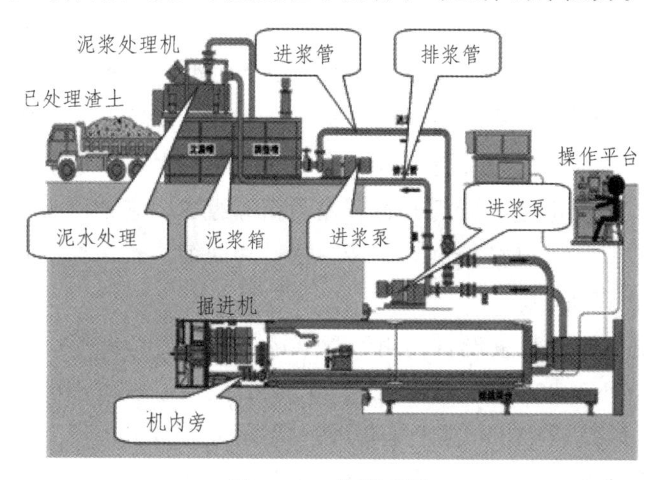

图 5-16　排泥系统

（12）测量系统

测量系统的主要设备，由激光经纬仪、测量靶和监示器组成。测量系统的作用：监示顶管施工过程中顶管机推进的轴线偏差。安装调试：顶管机安放在工作井内的道轨上，调整测量靶中心与管道中心线基本一致，与管道中心线垂直。调整激光经纬仪座的高度，使激光经纬仪的激光束的高度基本与管道中心线标高一致。根据测量定位点调整激光束，使到激光束基本与管道轴线重合。调整测量靶激光束点的大小，根据测量靶激光斑点的位置，调整测量靶的位置，使激光点与靶中心点重合。

（13）纠偏系统

纠偏系统主要设备：纠偏千斤顶、油泵站、位移传感器和倾斜仪。纠偏系统的作用：控制顶管施工中的顶管机推进方向。纠偏系统的动作控制是在地面操作室的操作台远程控制的，纠偏量的控制是通过安放在纠偏千斤顶上的位移传感器来实现的，纠偏动作是一个纠偏千斤顶的组合式动作。

（14）中继环接力系统

中继环接力系统主要设备：小千斤顶、液压泵站、外壳体。中继环接力系统的作用：将整段管道分段推进，减少主推顶力。

中继间采用混凝土管中继间构造，包括承口钢圈加长的前特管、插口加长的后特管、前后承力钢环、中继间油缸、中继间密封等部件。施工结束后，拆除承力钢环、中继间油缸、中继间密封等部件，前特管与后特管合拢后恢复为正常管道。为了保证长距离顶管中继间密封的可靠性，设置两道橡胶密封圈，密封圈材料为天然橡胶，邵氏硬度 48±3。密封装置设径向补偿调节螺钉，密封圈磨损后，通过调节螺钉补偿密封。中继间和主顶装置是从前往后逐一动作的，采用人工操作的控制方式，施工效率比较低。在此对中继间采取集中自动控制的方式，以提高施工效率，减少人为差错。中继间集中控制系统由 PLC、控制电缆、行程开关、控制箱等组成，它把所有的中继间和主顶系统串联起来，由 PLC 控制其运转、顶进和回缩。

（15）起重设备

工作井现场设置起重设备，用于管节运抵现场后，卸车、吊运、下井的吊装作业。因 DN3000 钢筋混凝土管单节重 32 t，所以顶管用的起重设备顶管机安装和调离以及 DN3000 混凝土管吊装拟采用 120T 吊车。

吊装前必须对汽车吊的停靠起吊位置进行测算，确定好位置后再把汽车吊的每个脚支撑固定，然后再进行施工。起吊重物（或其他轻型物体）时，应确认起吊的物品是否已装好，挂钩要牢固，确认刹车装置是否可靠，起吊的钢丝绳是否有磨损，确实各方面都安全可靠之后才能起吊。起吊后吊机作业半径人员必须远离吊机，而且旁边必须安排专业人员在指挥吊机工作。起吊的速度不能过快。起吊重物下绝对不准行人及作业人员从底下经过。

5.3.4 泥水平衡顶管施工关键技术

1. 穿墙顶进

顶管进出洞是整个施工过程中的关键环节之一，进出洞成功等于整个顶管工程成功了一半。本工程是采用地下预埋钢盒作为预留进出洞口，在井出洞口安装可拆式止水钢圈，再在钢圈上安装止水胶圈，达到止水效果。

工作井出洞处理：在出洞前，割掉预埋钢盒外侧钢板，并将止水钢环焊接到预埋钢盒的外侧，再将止水橡胶圈安装在止水钢环上。在准备出洞时，在将钢盒内侧挡土钢板割掉，清理预留孔内的杂物后立即将工具头推进预留孔，缩短停顿时间，这时止水橡胶圈紧抱工具头外壳，发挥止水作用。顶进工具头到穿墙管内，工具头与第一节混凝土管采用刚性联结，避免工具头“磕头”。顶管出洞的施工环节相当关键，顶管穿墙时要防止工具头下跌，在穿墙的初期，因入土较小，工具头的自重仅由两点支承，其中一点是导轨，另一点是入土较浅的土体。因此，工具头穿墙时，一方面要带一个向上的初始角（约 5′），另一方面穿墙管下部要有支托，并且加强管段与工具管、管段与管段之间的联结。此外，工具管的推进一定要迅速，不使穿墙管内的土体暴露时间太长。顶管穿墙位置必须做好止水，防止孔口因为流失减阻泥浆，造成孔口塌陷，发生安全事故。

在出洞施工初期，由于顶管机正面主动土压力远大于顶管即周边的摩擦力和与导轨间的摩擦力的总和，因此极易产生顶管机反弹，引起顶管即前方土体不规则坍塌，使顶管机再次推进时方向失控和向上爬高。为此，在洞口的两侧平行地面各安装好一条工字钢，当主顶千斤顶准备回缩加顶铁时，将两条工字钢分别与第一个顶铁的焊牢，然后回收千斤顶，防止顶管机反弹。同时，在出洞施工初期顶管机容易发生扭转现象。因为顶管机大刀盘转动时对前方土体会产生一个扭矩，根据相互作用原理，土体对顶管机同时也会产生一个扭矩。而由于顶管机周边的摩擦力和与导轨间的摩擦力很小，故摩擦力及顶管机自重所产生的反抗扭矩小于土体对顶管机产生的扭矩，所以此时顶管机会扭转。为了克服此现象，防止顶管机发生扭转，分别在顶管机的两侧焊上各一块挡板，挡板底面与导轨面平齐。当顶管机扭转时，挡板压在导轨上，防止顶管机扭转。

2. 正常顶进

出洞成功后，管道开始正常顶进。通过后座主顶油泵和主顶千斤顶产生推力，推动管道向前推进。在管节推进的同时，顶管机大刀盘切削前方土体，切削下来的土体进入顶管机的泥土仓内，经刀盘的搅拌与进浆管送入的清泥浆搅拌成浓的泥浆，再通过排浆管道将浓泥浆排出机头。通过管节一节一节向前推进，顶管机不断推进最后到达接收井，形成整段管道。初始顶进时顶进速度一般控制在 20 ~ 50 mm/min，正常顶进时顶进速度控制在 50 ~ 150 mm/min，如遇正面障碍物，应控制在 10 mm/min 以内。初始顶进时出土量一般控制在理论出土量的 95%左右，正常情况下出土量控制在理论出土量的 98% ~ 100%。排泥过程是通过后座主顶千斤顶推进，顶管掘进机大刀盘切削前方土体，切削下来的土体进入顶管掘进机的泥土仓。块石、混凝土或坚硬的土块等大块状物体在内外锥体的偏心碾压破碎作用下粉碎成为直径小于 30mm 的颗粒；黏性土在外壳斜锥段 4 个高压水孔喷射水流的作用下变成碎块和泥浆，在刀盘和内锥体的搅拌下成为可流动的泥土并被挤入泥水仓。同时，泥水循环泥浆经进浆管进入泥水仓，在泥水仓与泥土充分混合成为浓度更大的泥浆，经排浆管排出机头，再经泥水分离器处理泥沙等固体颗粒被分离外运，泥浆循环使用，实现了连续掘进作业。如图 5-17。

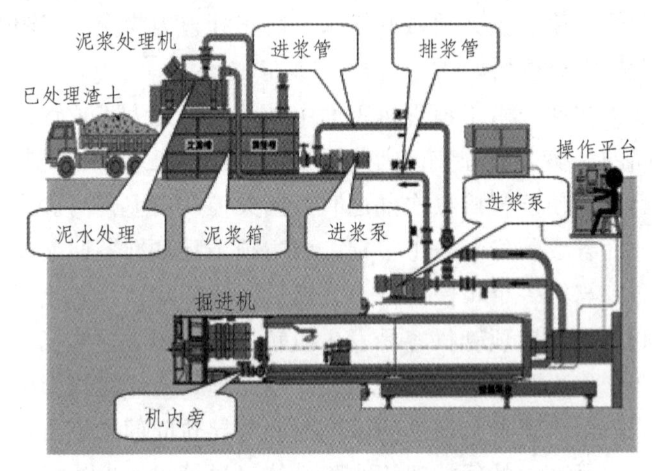

图 5-17　泥水平衡顶管排泥系统

循环泥浆的浓度控制在 1.09，压力比地下水水头增加（20±10）kPa。泥水除了对泥沙起悬浮和携带作用外，同时对开挖面起平衡稳定作用，泥水压力由泥土仓的流动土体传到开挖面，防止开挖面坍塌，而且通过泥土仓的缓冲作用，即使泥水压力不正常，也不至于产生较大的地面沉降，泥土仓的土体与开挖面处于主动平衡或被动平衡状态。在工作前须制作一定浓度的清泥浆储放在泥浆箱内，工作时清泥浆经进浆泵和进浆进入顶管机的泥水仓，与顶管机刀盘切削的土体搅拌成均匀的浓泥浆，经排泥浆管和排浆泵管排出井外，经泥水处理装置把浓泥浆的砂土一般在 0.4 mm 以上的颗粒分离出来。泥浆再经过沉淀池的过滤，把较细的颗粒再分离出来，这样可以把浓泥浆过滤成清泥浆。泥水经过不断循环，把顶管机前方的泥土排出井外。在顶进过程中对发现的管道渗水和漏水点，首先检查橡胶密封圈是否出现问题，要确保管道接口橡胶密封圈处于正常状态，在局部管材有问题处，先从内壁凿毛，埋入导水管引水，用生产厂家提供的树脂胶，根据气温条件进行凝胶配比。配置时用量杯准确量取树脂并加入促干剂，搅拌均匀后再加入引发剂使其固化。在刷树脂胶后立即铺放两层短切毡，用毛刷和辊轮，使之滚压平整、无气泡和皱纹。待封口固化后，检查封口质量，有无气泡、裂纹等缺陷，如有则需打磨修复。最后再用同样方式封上渡水管。

3. 测量、纠偏

（1）顶管顶进中的测量工作

激光经纬仪安置在观测台上，它发出的激光束为管道中心线，又符合设计坡度要求，实为顶管导向的基准线。施工开始时将顶管机的测量靶的中心与激光斑点中心重合。当顶管机头出现偏差，相应激光斑点将偏离靶中心，测量靶图像通过视频传送到操作台的监示器上，从而观察出激光斑点将偏离靶中心偏离图像，通过控制纠偏千斤顶的伸缩量，进行顶进方向的纠正，使顶管机始终沿激光束方向前进。顶管施工中测量工作的主要任务是掌握好管线的中线方向、高程和坡度。

根据设计坡度要求，沿线路布设四等水准路线，并在各井口处埋设临时水准点以供顶管高程放样。根据顶管线路所布设的导线点及水准点，标定出井的平面位置及测定其深度，以指导工作井的开挖施工；定出始发井与接收井的管道中心点，并将其投设于地面（以下简称投点），做好标记，由于投点处于井的边缘，事先做好投点的支架搭设与焊接标志工作。以布设的线路导线点中的一个导线点及一条边的方位角，重新精密测定二井间的导线，即贯通导线，并联测二井投点，在有条件的地方，最好将投点作为导线点，以便获得投点的精确坐标，所有导线点应埋设牢固标志，以备复测。根据贯通导线及井口投点，在始发井边缘放样出顶进方向的坐标点，而后与井口投点一起向井下投设方向线，并将高程从井上传至井下，埋设临时水准标点，如图5-18所示。

在工作井下建立控制观测台，在其上配置有强制对中的仪器基座，并设有上下左右可调节的装置，能使架设于其上的仪器调整到中线（或与中线偏离一定距离）的位置，并使仪器横轴调整到中线（或与中线偏离一定距离）的高度上。

（2）纠 偏

顶管机的测量靶网格为 10 mm，根据顶管机测量靶激光点的偏移量计算顶管机的斜率，伸出相应的纠偏千斤顶组，使顶管机推进改变方向，从而实现顶进方向的控制。纠正偏量应缓慢进行，使管节逐渐复位，不得猛纠硬调。由于顶管机头附有测量靶，激光经纬仪安置在观测台上，在工作中，已使它发出的激光束既为管道中心线，又符合设计坡度要求，实为顶管导向的基准线。施工开始时使测量靶中心与激光光斑中心重合，当掘进机头出现偏差，

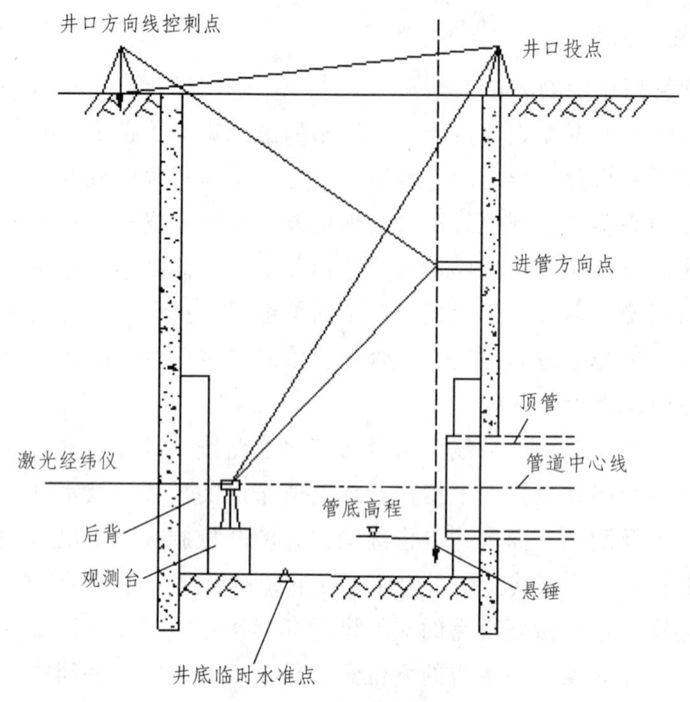

图 5-18　测量导线控制

相应测量靶中心将偏离光斑中心，从而给出偏离信号，通过视频传送到操作台的监示器，进行顶进方向的纠正，使工具头始终沿激光束方向前进。

工具头开始顶进 5 ~ 10 m 的范围内，允许偏差应为：轴线位置 50 mm，高程 30 mm。当超过允许偏差时，应采取措施纠正。纠正偏差应缓慢进行，使管节逐渐复位，不得猛纠硬调。工具头前方有纠偏节，纠偏节中安装有纠偏千斤顶，顶进过程中，根据测量反馈的结果，调整纠偏千斤顶，使工具头改变方向，从而实现顶进方向的控制。如果工具头的方向偏差超过 10 mm，即应采用纠偏千斤顶进行纠偏。管顶出穿墙管及在长度 30 ~ 40 m 范围内的偏差是影响全段偏差的关键，特别是出墙洞时，由于管段长度短、工具头质量大，近出洞口土质易受扰动等因素的影响，往往会导致向下偏，此时，应该综合运用工具头自身纠偏和调整千斤顶的作用力合力中心来控制顶管方向。纠偏应贯穿在顶进施工的全过程，必须做到严密监测顶管的偏位情况，并及时纠偏，尽量做到纠偏在偏位发生的萌芽阶段。如果根据顶管机的测斜仪及激光经纬仪测量偏位趋势没有减少，增大纠偏力度；如果根据顶管机的测斜仪及激光经纬仪测量偏位趋势稳定或减少时，保持该纠偏力度，继续顶进；

当偏位趋势相反时，则需要将纠偏力度逐渐减少。

4. 触变泥浆

在顶进过程中，随着距离的增长，管道的摩阻力也随之增大。为了提高顶进施工的效率，在施工过程中尽可能地降低管道外侧的阻力，通常情况下往管外侧喷谢触变泥浆，降低顶进的阻力。

（1）触变泥浆系统设置

顶进过程中，需要经常进行压触变泥浆工作，以减少顶进的阻力。注浆孔的形状及布置：在每节管的前端布置一道触变泥浆注浆孔，数量为 8 个，孔的大小呈 45°布置，经过不断压浆，在管外壁形成一个泥浆套。触变泥浆管设置在顶管机后面 4 节管，每节管都设置触变泥浆管，在管节外壁形成完整的浆套。以后的管节间隔 3 节管设置一道，用来对浆套进行补浆。如图 5-19。

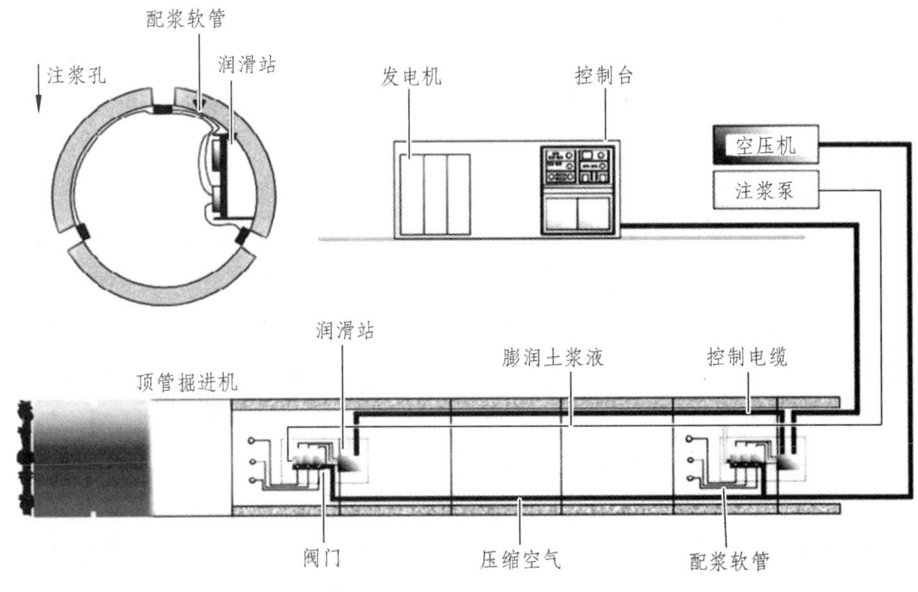

图 5-19　注浆装置和润滑系统

（2）浆液配置

触变泥浆系统由拌浆、注浆和管道三部分组成。拌浆是把注浆材料兑水以后再搅拌成所需的浆液（造浆后应静置 24 h 后方可使用）。注浆是通过注浆泵进行的，根据压力表和流量表，它可以控制注浆的压力（压力控制在水深的 1.1 ~ 1.2 倍）和注浆量（计量桶控制）。管道分总管和支管，总管安装在管道内一侧，支管则把总管内压送过来的浆液输送到每个注浆孔上去。触变泥浆由膨润土、水和掺合剂按一定比例混合而成。施工现场按重量计的触变泥浆配合比为：水∶膨润土=8∶1，膨润土∶CMC=30∶1。本工程拟购置膨润土袋装复合材料，在现场施工加水拌和。

（3）注浆流程

造浆静置—注浆—顶管推进（注浆）—顶管停顶—停止注浆。

（4）数量和压力

压浆量为管道外围环形空隙的 1.5 倍，压注压力根据管顶水压力而定。

5. 顶管机顶入接收井

顶管机顶入接收井是一项关键的施工环节。在顶进接近接收井前，先将接收井施工好等待顶管机的接收。当顶进到接收井边时，须放慢顶进速度。必须先复测本段管道的长度与设计长度相符，然后通过测量得知顶管机出口的具体位置，将接收井工具头出洞位置的砖墙护壁凿除。当顶管机进入接收井边时，顶管机要快速顶进，直至顶管机完全顶出接收井。如遇地下水丰富时，用棉纱堵塞住管和洞口间的空隙，等顶管机完全出洞后即用水玻璃或水泥浆压住止水。

管道埋深较深时，水压力大，而且洞口周边是流塑状淤泥，承载力低，在深层做水泥旋喷桩出洞止水效果不是很理想，费用高。针对此情况，改进穿墙止水环的结构，在井体侧墙施工时，先预埋圆台形（喇叭形）钢盒，上圆（背土）直径比管径大 20 cm，下圆（靠土）直径比管径大 60 cm，采用单边封板（上圆口），内填重量比为 1∶5 的水泥黄黏土拌和料。为了增加钢盒内填充物与环向钢板的黏结力，在环向钢板用钢筋焊上两道竹片压板，为达到止水防流砂效果，在压竹片的同时也压上稻草和膨胀土，然后与拌和料一起填充。当顶管机穿越预留孔时，顶管机外壳带到穿墙钢合内的土体及周边的土体往喇叭口挤压，使到管壁与预留口间的缝隙挤实土体，防止泥水从缝隙喷涌。穿墙是顶管施工中的一道重要工序。穿墙时，要防止井外的泥水大量涌入井内，严防塌方和流砂，因此必须做好洞口止水环节。首先在预埋钢盒上焊接钢套环（法兰），然后在套环上安装 25 mm 厚橡胶法兰，用 10 mm 厚钢压板通过 M20 螺栓压紧。当发现有地下水和泥砂流入工作井内时，可以收紧橡胶法兰和压板上的螺栓，达到止水效果。

第 6 章

城市地下综合管廊防排水施工技术

6.1 主体结构防水施工技术

6.1.1 底板防水施工技术

1. 贴高分子自粘复合防水卷材预铺反粘施工技术

（1）作业条件

基层养护满足设计和规范要求。防水工程施工前，应对前项工程进行质量验收，合格后方可施工。各种预埋管件按设计及规范要求事先预埋，并做好密封处理。基层表面已清理干净，并基本平整，无明显突出部位。基面阴阳转角抹成圆弧形，阴角最小半径 50 mm，阳角最小半径 20 mm。施工时基面无明水，如有积水部位，则扫除积水后即可施工。

（2）施工流程

见图 6-10。

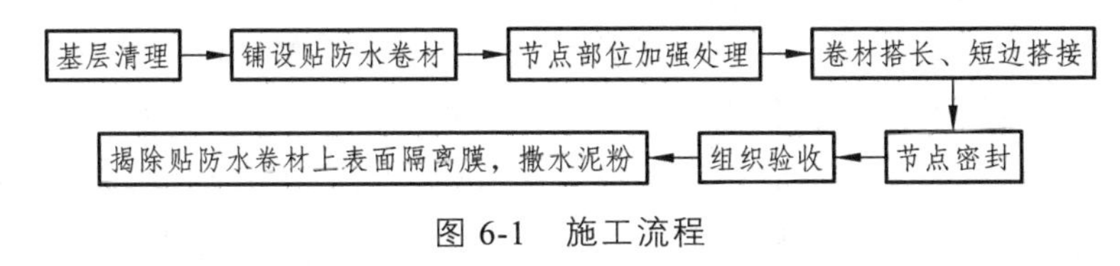

图 6-1　施工流程

（3）施工步骤

① 基层清理：用铁铲、扫帚等工具清除基层面上的施工垃圾，若有明水，则需扫除。

② 铺设贴防水卷材：宜先在垫层上弹线，以确定卷材基准位置。把贴卷材自粘面朝上，无纺布的一面朝下，按基准线铺展第一幅卷材，再铺设第二幅卷材。铺设卷材时，卷材不得用力拉伸，应随时注意与基准线对齐，以免出现偏差难以纠正。

③ 节点部位加强处理：针对变形缝、阴阳角，裁剪相应形状的贴高分子

自粘复合防水卷材（双面自粘），对节点部位进行加强处理。

④ 卷材长边搭接：卷材长边连接采用自粘搭接的方式，揭除搭接部位的隔离膜，粘贴在一起，然后进行碾压、排气。

⑤ 卷材短边搭接：卷材短边的连接采用对接的方式。卷材两幅卷材的短边接头对齐，保证没有缝隙，将贴高分子自粘橡胶复合防水卷材（双面自粘）粘贴在接缝上，碾压排气，使之粘结牢固。如图 6-2。

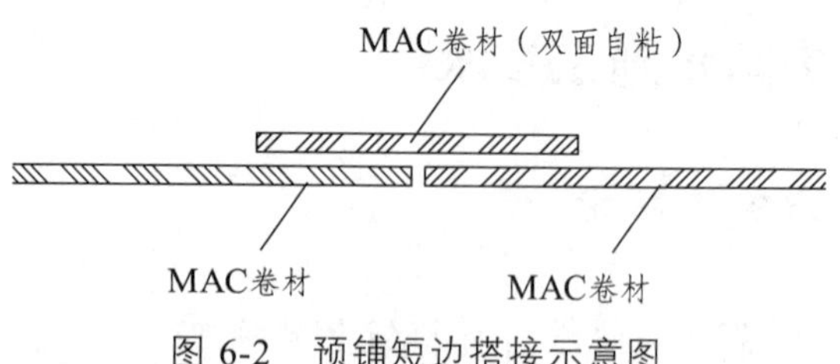

图 6-2　预铺短边搭接示意图

⑥ 节点密封：当底板承台阴角及阳角部位的卷材铺贴存在胶粘织物的情况时，裁剪相应大小的贴高分子自粘橡胶复合防水卷材（双面自粘）铺贴在接缝部位进行加强处理。

⑦ 将贴防水卷材上表面隔离膜揭除干净，为防止卷材粘脚可在卷材上撒水泥粉作为隔离措施，边撒边扫。

（4）注意事项

防水卷材防水层采用冷作业施工，材料进入工作面后不得以任何形式动用明火，如有钢筋焊接所产生的火星等，则焊接处卷材面需设临时保护措施。当温度较低影响搭接时，可采用热风焊枪加热卷材搭接部位。卷材铺设完成后，要注意后续的保护，不能在防水层上拖动物品，以避免对防水层的破坏。相邻两排卷材的短边接头应相互错开 300 mm 以上，以免多层接头重叠而使得卷材粘贴不平服。卷材铺贴程序为：先节点，后大面；先低处，后高处；先高跨，后低跨；先远处，后近处。即所有节点附加层铺贴好后，方可铺贴大面卷材；大面卷材粘铺须从低处向高处进行；先做高跨部分，再做低跨部分；先做较远的，后做较近的，使操作人员不过多踩踏已完工的卷材。施工区域应采取必要的、醒目的围护措施（周围提供必要的通道），禁止无关人员行走践踏。绑扎钢筋过程中，如钢筋移动需要使用撬棍时应在其下设木垫板临时保护，以尽量避免破坏防水卷材。在防水层后续施工过程中，如不慎破坏了防水层，可视破损情况裁剪 100 mm×100 mm 的自粘卷材片（方形片材四周修剪成圆角），牢固粘贴于破损处。

（5）验收质量标准

主控项目：所用材料及主要配套材料必须符合设计要求和规范规定。检验方法：检查出厂合格证、出厂检验报告、现场抽样试验报告。卷材防水层及其变形缝、预埋管件等细部做法必须符合设计要求和规范规定。检验方法：观察检查及检查隐蔽工程验收记录。

铺贴质量：铺设方法和搭接、收头符合设计要求、规范和防水构造图。检验方法：观察检查。

允许偏差：卷材的铺贴方向正确，搭接宽度允许偏差为-10 mm。检验方法：观察和尺量检查。

2. 底板预铺反粘 TPO 施工工艺

（1）施工工艺流程

基层处理→大面铺设预铺反粘型 TPO 防水卷材（点粘，自粘面朝上）→热风焊接 TPO 卷材搭接缝→焊缝检查→检查验收。

（2）操作要点及技术要求

① 基层处理：基层应坚实、平整、无灰尘、无油污，凹凸不平和裂缝处应用聚合物砂浆补平，施工前清理、清扫干净，必要时用吸尘器或高压吹尘机吹净。

② 铺设预铺反粘 TPO 防水卷材

预铺反粘 TPO 防水卷材与底板垫层采用空铺法施工，沿管廊方向纵向铺设，在已处理好的基层表面，按照所选卷材的宽度，留出搭接缝尺寸，将铺贴卷材的基准线弹好，按此基准线进行卷材铺贴施工。铺贴后卷材应平整、顺直，搭接尺寸正确，不得扭曲。此外，在铺设 TPO 卷材时，需注意如下事项：铺设防水卷材时，相邻卷材错缝铺设，不得出现十字接缝；铺贴防水卷材时，应先铺贴底板卷材，卷材翻起至模板墙并临时固定处理；铺贴防水卷材时，应注意不得拉得过紧或出现大的鼓包，铺设好的防水卷材保持自然、平整、服贴。防水卷材之间接缝采用卷材预留搭接边，搭接宽度 8 cm，搭接边应紧密贴合且平整，不得出现翘边、露胶、虚接、Ω 形接缝等现象。防水卷材铺设完毕后应对其表面进行全面的检查，发现破损部位及时进行修补，以确保大面卷材的不透水性。防水层铺设完成后，应采取必要的成品保护措施。

③ TPO 防水卷材焊接

卷材在铺设展开后，应放置 15 ~ 30 min，以充分释放卷材内部应力，卷材的搭接采用热风焊接。长边采用搭接方式（搭接宽度 80 mm），短边采用匀质 TPO 卷材对接方式施工，长短边搭接方式分别如图 6-3 所示。准备热空气焊接机，让其预热 5 ~ 10 min 达到工作温度。正式焊接前，应试焊，确定焊接温度和行走速度，以保证焊接效果。在接缝前将自动热空焊接机就位，手指导向与机器沿接缝运动方向相同。抬起搭接的卷材时，在搭接区插入自动热空气焊接机的吹气喷咀。立即开始沿接缝移动机器，以防烧坏卷材。沿缝作业确保机器前部的小导向轮与上片卷材的边对准，并且要保证电缆有足够的长度，以防牵动机器离开运行道。完成接缝焊接后，立即从接缝处移开自动热空气焊接机喷嘴，避免烧伤卷材。

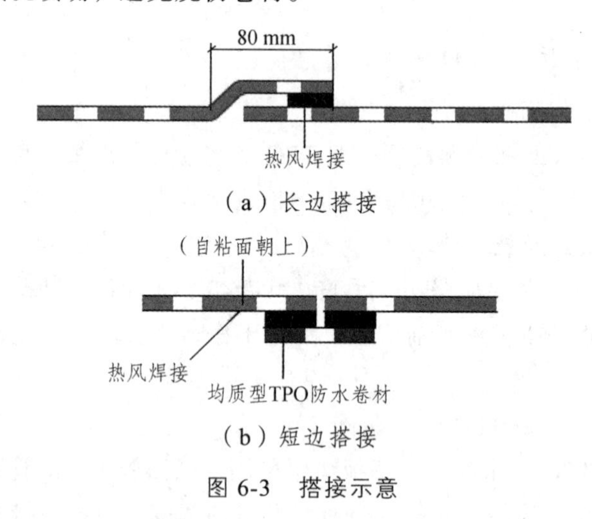

图 6-3　搭接示意

6.1.2　侧墙防水施工技术

1. 基层质量验收

（1）基层修补：防水层施工前需将侧墙部位对拉螺杆处进行修补。

（2）坚实度、强度：检查基层的坚实度、强度应符合设计要求，是否具备防水施工作业条件。防水施工需保证基层坚实、牢固。

（3）平整度：检查基层平整度是否符合防水施工作业条件要求，基层残留（砂浆或混凝土）毛刺或凸起物需进行铲除并修补平整。

（4）洁净度：检查结构表面是否具备防水施工作业条件要求。如：基层表面杂物、灰尘、油污等需清理干净。

（5）裂缝处理：混凝土结构施工裂缝进行全面排查和处理。防水施工前，

需对混凝土结构进行全面排查，若存在裂缝，需采取措施对混凝土结构裂缝进行加强处理。

2. 工序流程

加热橡胶涂沥青涂料（非固化）—清理基层—基层处理—节点加强处理—施工涂橡胶沥青涂料—铺贴贴交叉层压膜高分子双面自粘卷材—卷材搭接—组织验收—贴聚苯板保护层。

3. 施工工艺

（1）加热橡胶沥青涂料：把涂橡胶沥青涂料放入专用的加热器中进行加热。

（2）清扫基层：用扫帚、铁铲等工具将基层表面的灰尘、杂物清理干净，基面保持基本平整，对于不平的部位及对拉螺栓部位需修补平整。

（3）基层处理：管廊侧墙部位使用打磨机对不平整处进行打磨处理，并清理干净，均匀地涂刷专用基层处理剂，做到不漏涂、不露底，涂刷时需采取滚刷方式。

（4）节点加强处理：遇阴角及节点部位时两边各延伸 250 mm 宽进行加强处理，加强处理时首先涂刮第一遍涂橡胶沥青涂料，再铺贴一块相应大小的网格布，最后再涂刮一边涂橡胶沥青涂料将其覆盖。

① 施工沥青涂料滚涂法：把加热完毕的涂橡胶沥青涂料，按照弹线的范围将涂橡胶沥青涂料涂刮在侧墙基面上，涂刮厚度均匀，不露底。

② 喷涂法：采用专用喷涂设备，按照弹线的范围将加热完毕的涂橡胶沥青涂料喷涂在基面上，喷涂均匀，不露底，涂料用量控制在 2.0 kg/m^2。

（5）铺贴自粘卷材：在涂料冷却之前，揭除贴交叉层压膜高分子双面自粘卷材下表面隔离膜，将卷材粘贴在涂料上。

（6）卷材搭接：将贴交叉层压膜高分子双面自粘卷材搭接边的隔离膜揭除，进行自粘搭接，卷材 T 型搭接口处用橡胶沥青防水涂料进行内外密封处理。卷材收口处，用涂橡胶沥青防水涂料进行密封。

（7）收口密封：卷材收口处，用涂橡胶沥青防水涂料进行密封。

（8）聚苯板保护：防水层完成后粘贴聚苯板保护层。

4. 验　收

防水层严禁有渗漏现象。检验方法：48 小时闭水试验。

防水层及其细部做法必须符合设计要求和规范规定。检验方法：观察检查和检查隐蔽工程验收记录。

基层应进行处理，处理完的基层应牢固、洁净、平整，不得有空鼓、松动、起砂和脱皮现象；基层阴阳角处应做成圆弧形。检验方法：观察检查和检查隐蔽工程验收记录。

涂料质量：涂料防水层与基层应粘结牢固，不得有针眼、露底现象。节点部位玻纤网格布加强层应被涂料完全覆盖。检验方法：观察检查。

涂料的用量应符合设计要求。检验方法：观察检查和检查相关资料。

卷材铺贴质量：铺设方法和搭接、收头符合设计、施工方案要求和防水构造图。检验方法：观察检查。如图 6-4。

允许偏差：卷材的铺贴方向正确，搭接宽度允许偏差为-10 mm。检验方法：观察和尺量检查。

图 6-4 卷材铺贴施工

6.1.3 顶板防水施工技术

1. 基层质量验收

（1）坚实度、强度：检查基层的坚实度、强度应符合设计要求，是否具备防水施工作业条件。防水施工需保证基层坚实、牢固。

（2）平整度：检查基层平整度是否符合防水施工作业条件要求，基层残留（砂浆或混凝土）毛刺或凸起物需进行铲除并修补平整。

（3）洁净度：检查结构表面是否具备防水施工作业条件要求。如：基层表面杂物、灰尘、油污等需清理干净。

（4）裂缝处理：混凝土结构施工裂缝进行全面排查和处理。防水施工前，需对混凝土结构进行全面排查，若存在裂缝，需采取措施对混凝土用裂缝环氧树脂罐浆处理。并用环氧胶泥表面封闭。

2. 工序流程

加涂橡胶沥青涂料—清理基层—涂刷基层处理剂—节点加强处理—定位弹线—试铺贴交叉层压膜高分子双面自粘卷材—施工涂胶橡胶沥青涂料—铺贴贴交叉层压膜高分子双面自粘卷材—卷材搭接—组织验收。

3. 施工工艺

（1）加热涂橡胶沥青涂料：把涂橡胶沥青涂料放入专用的加热器中进行加热。

（2）清扫基层：用扫帚、铁铲等工具将基层表面的灰尘、杂物清理干净，基面保持基本平整，对于不平的部位需修补平整。

（3）涂刷基层处理剂：在清理干净的基面上均匀地涂刷专用基层处理剂，做到不漏涂、不露底，涂刷时需采取滚刷方式。

（4）节点加强处理：阴阳转角等节点部位两边各延伸 250 mm 宽进行加强处理，加强处理时首先涂刮第一遍橡胶沥青涂料，再铺贴一块相应大小的网格布，最后再涂刮一边涂涂料将其覆盖。

（5）定位弹线：根据卷材铺贴方向，以分格的方式进行弹线，确定施工橡胶沥青涂料的范围，每个格子的宽度为 0.92 m，长度为 5 m，面积为 4.6 m^2。

（6）试铺自粘防水卷材：将贴交叉层压膜高分子双面自粘卷材自然松弛地摊开，按控制线摆放好，然后把卷材从两端往中间收卷。

（7）施工橡胶沥青涂料（非固化）：用涂刮法。把加热完毕的沥青涂料，按照弹线的范围将涂沥青涂料涂刮在基面上，涂刮厚度均匀，不露底，涂料用量为 2.5 kg/m^2。

（8）铺贴自粘卷材：在涂料冷却之前，揭除贴交叉层压膜高分子双面自粘防水卷材下表面隔离膜，将卷材粘贴在涂料上。

（9）卷材搭接：交叉层压膜高分子双面自粘防水卷材搭接边的隔离膜揭除，进行自粘搭接，卷材 T 型搭接口处用橡胶沥青防水涂料进行内外密封处理。卷材收口处，涂橡胶沥青防水涂料进行密封。如图 6-5。

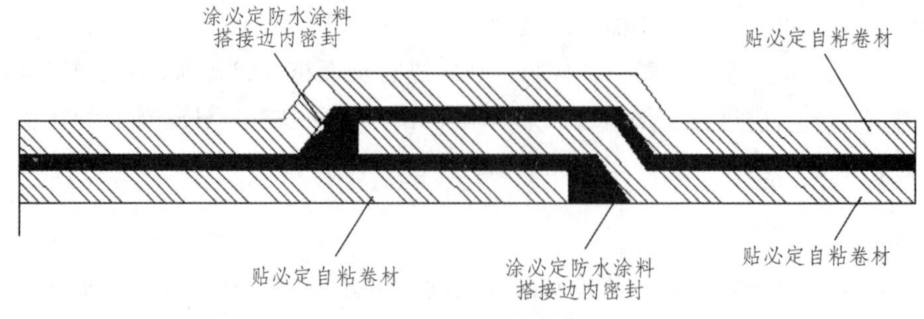

图 6-5　卷材搭接示意图

（10）收口密封：卷材收口处，先用压条固定，固定件间距不大于 250 mm，再用涂橡胶沥青防水涂料进行密封。

4. 验　收

（1）主控项目

防水层严禁有渗漏现象。检验方法：48 小时闭水试验。防水层及其细部做法必须符合设计要求和规范规定。检验方法：观察检查和检查隐蔽工程验收记录。

（2）一般项目

基层应进行处理，处理完的基层应牢固、洁净、平整，不得有空鼓、松动、起砂和脱皮现象；基层阴阳角处应做成圆弧形。检验方法：观察检查和检查隐蔽工程验收记录。

涂料质量：涂料防水层与基层应粘结牢固，不得有针眼、露底现象。节点部位玻纤网格布加强层应被涂料完全覆盖。检验方法：观察检查。

涂料的用量应符合设计要求。检验方法：观察检查和检查相关资料。

卷材铺贴质量：铺设方法和搭接、收头符合设计、施工方案要求和防水构造图。检验方法：观察检查。

允许偏差：卷材的铺贴方向正确，搭接宽度允许偏差为-10mm。检验方法：观察和尺量检查。

6.2　变形缝防水施工技术

综合管廊底板、侧墙、顶板变形缝采用中埋式钢边橡胶止水带与外贴式橡胶止水带复合防水构造，嵌缝材料选用双组分聚硫密封膏，胶枪嵌填。迎水面均设 1 000 mm 宽 5 mm 改性沥青（SBS）防水卷材防水加强层，外剪力墙、顶板防水加强层采用金属压条及紧固螺钉固定，螺钉部位采用双组分聚硫密封膏覆盖。

1. 中埋式止水带施工步骤

铺设外贴式橡胶止水带→钢边橡胶止水带材料准备→打磨接头→吹扫清理打磨部位→热熔压焊→晾晒 10 min→粘合施压→端头填充双组分聚硫密封膏→组织验收。如图 6-6。

图 6-6 中埋式止水带施工细部图

2. 基层处理

施工前，将前道施工后残留的垃圾杂物清理干净，再用吹风器将浮灰处理干净。若基面潮湿，应用喷灯烤干后用钢丝刷刷一遍，以清除烘烤后掉下的水泥屑及尘土。除去被粘表面的油污、塑料附着物以及灰尘等杂物（双组分聚硫密封胶不粘塑料和油污，可用手提切割机、砂轮、钢刷等工具作业），用吹风机吹干净杂物，使涂胶面露出牢固的结构层，接缝表面必须保证完全干燥、清洁、无霜。表面所有灰尘和水泥稀浆必须清刷处理干净。必须绝对保证被粘表面干燥、平整，以防止粘接不良。把缝隙的两边 10 mm 处贴上 50 mm 宽的防护胶带，以防施工中多余的聚硫胶把构筑物表面弄脏。

3. 密封材料嵌填

原材料：1 桶白色聚硫胶（A 组分）与 1 袋黑色固化剂（B 组分）充分搅拌均匀，直到无色差为止。具体做法如下：

打开包装将 A 组分和 B 组分放到一起搅拌均匀，人工搅拌时间不少于 9 min，用手提电钻搅拌不少于 6 min，以采用机械搅拌方法为宜，搅拌时间宜长不宜短，以免因搅拌不均匀造成局部固化不完全而达不到防水密封效果。不论机混或是手工混合，都应达到色泽均匀无色差。混合时应防止气泡混入，配制好的双组分聚硫密封胶应在 2 h 内用完，否则慢慢增稠造成施工困难和降低性能。

涂双组分聚硫密封胶时，可将拌好的双组分聚硫密封胶装入施工胶枪再打入施工部位内。操作时应尽量防止夹带气泡进入密封胶中。对于不易粘接的材料部位要保证粘接效果，最好用专用的底涂料先涂刷一遍后再施密封胶。应防止气泡混入，涂胶时，应该压实填平密封处，防止气泡混入。搅拌好的双组分聚硫密封胶必须在 2 h 内使用完，因为 2 h 后膏状胶体在化学成分的作用下就开始漫漫凝固了（表干时间≤24 h，7 d 后方可灌水试验，28 d 性能全部达到）。

施工结束后，把缝隙两边的防护胶带取下即可，24 h 内应避免水冲雨淋。

密封胶施工完毕后应对接缝进行全面检查，如有漏刮、不平、下垂等应及时修补整齐。双组分聚硫密封胶表干时间为 24 h，但 7 d 后可达到 80%强度，因此在双组分聚硫密封胶未充分固化前，要注意保护，防止雨水侵入而降低性能，闭水试验一定要在施工 7 d 后才能进行。

6.3 施工缝防水施工技术

施工缝采用预埋 300×3（两侧燕尾宽 30 mm）中埋式钢板止水带设防，二次浇筑混凝土前，施工缝处应做凿毛处理，凿毛深度 5 ~ 10 mm、间距 30 mm、凿毛率 90%、粗骨料外漏 75%，铺设 30 ~ 50 mm 厚 1∶1 水泥砂浆，及时进行二次浇筑。外剪力墙迎水面加设 500 mm 宽 5 mm 改性沥青（SBS）

防水卷材防水加强层。

1. 止水钢板安装

（1）工艺流程

止水钢板定位（位于剪力墙外皮 300 mm、埋深 150 mm，具体位置见施工缝防水构造详图）→固定→接头焊接→剪力墙拉筋及定位钢筋焊接→组织验收。

（2）施工要点

① 止水钢板规格：300×3，两侧燕尾宽 30 mm；底板顶标高上 450 mm 为止水钢板中心标高。所有止水钢板应放置在剪力墙中间，并沿剪力墙周围设置。

② 止水钢板位置确定以后，用墙体拉结钢筋临时上下夹固，然后进行钢板接缝焊接。止水钢板搭接长度为 50 mm；钢板焊接两次成型，接缝处应留 2 mm 焊缝，第一遍施焊时，首先在中间、两端点焊固定，然后从中间施焊直到上端，然后在从下段向中间焊接，第一遍完成后立即将药皮用焊锤敲掉，检查有无砂眼、漏焊处，若有应进行补焊。第二遍施焊从下端开始。

③ 沿止水钢板方向，在其两侧采用直径为 12 的钢筋焊接；一端焊在止水钢板上，另一端焊接在剪力墙的水平、竖向主筋上对其进行定位；定位钢筋的间距为 300 mm，两侧对称设置。

④ 由于剪力墙拉结钢筋间距较小，中间总有一道拉筋穿过止水钢板，止水钢板接缝焊好后，在穿过止水钢板的拉筋切断，然后焊接在止水钢板上，并在其拉筋切断位置处加设一道拉筋补强。

2. 穿墙管

剪力墙穿墙管采用固定式防水法设防。主管加焊止水环与遇水膨胀止水圈，管壁与混凝土接缝加设 2 道 450 mm 宽 5 mm 改性沥青（SBS）防水卷材。并在迎水面预留凹槽，槽内采用双组分聚硫密封膏填充。穿墙管应在浇筑混凝土前预埋。穿墙管与内墙角的距离应大于 250 mm。穿墙管应采用套管式防水法，套管外应加焊止水环。

（1）穿墙管施工步骤

穿墙管安装固定→浇筑混凝土→拆模及基层清理→打密封胶→防水附加层。

（2）施工要点

① 穿墙管安装固定。

穿墙管两端出墙长度根据管道安装方式确定，在穿墙管中部双面焊 2 mm 厚 100 mm 宽止水环。在模板上准确确定预留穿墙管位置并在模板上开洞，外墙合模前将穿墙管插入模板孔洞中并固定牢固，合模后密封穿墙管与模板间的缝隙。

② 浇筑混凝土。

浇筑混凝土时穿墙管道位置混凝土要加强振捣，确保混凝土密实。

③ 拆模及基层清理。

拆除墙体模板时应注意不要损坏穿墙管，拆模后将墙体表面清理干净。

④ 打密封胶。

在墙体混凝土养护结束后，在穿墙管周边与墙相交处打密封胶。

⑤ 防水附加层。

在迎水面一侧，沿穿墙管周边施工防水附加层。防水材料及做法同防水层。防水附加层沿穿墙管及外墙周边宽度均为 250 mm。

第三篇

特殊施工技术篇

第7章

城市地下综合管廊下穿河道施工技术

7.1 北七路管廊下穿东河工程概况

7.1.1 工程概况

保山中心城市北七路（正阳北路—东环路）综合管廊工程，项目全长约6.98 km，为西东走向，北七路为新建城市主干道，红线宽60 m，综合管廊为三舱设置，断面尺寸 $B\times H$=8.8 m×3.9 m。管廊布置在北半幅机非分隔带及非机动车道下，容纳给水管、污水管、110 kV电力、10 kV电力、0.4 kV电力、通信管和燃气管。管廊标准断面顶板覆土3 m，标准断面埋深6.9 m。管廊结构形式为钢筋混凝土结构，断面为三舱设置，分别为燃气舱、电力舱、给排水舱，底板厚度0.4 m，顶板、外墙壁厚度为0.4 m，内隔墙壁厚为0.3 m，管廊内空净高为3.1 m。每段均设置变形缝，标准段均20 m。

东河下穿段位于河村西面，横穿东河河底。东河倒虹2段总长52 m，东河宽度为31 m。东河河底标高为1 644.00 m，河顶水面标高为1 644.81 m（现场实测），河底淤泥厚度为1 000 mm。倒虹段综合管廊底标高为1 639.00 m，基坑的开挖深度约为 7.36 m；由于东河水流量较大，且河道较宽，综合管廊（K4+299.023 ~ K4+351）东河下穿段施工须进行分段围堰施工；此段管廊基坑开挖深度大于7 m，根据支护结构及周边环境对变形的适应能力和基坑工程对周边环境可能造成的危害程度，管廊东河下穿段基坑安全等级为二级。

7.1.2 工程施工条件

1. 周边建筑物情况

本施工段深基坑东面均有部分建筑物，东河流向为南向，而综合管廊走向为东西向。东河旁边东侧为一条村道，西侧是耕地；东河两侧河堤上均有两条弱电、强电线路，强电线路高度月 12 m，弱电线路高度月 6 m，倒虹段施工时村道须断路封闭施工。经相关单位现场指出，倒虹段 2 河岸道路下均有直径为 600 mm 的供水管，故基坑拉森钢板桩施工前应该进行人工探挖，待请确定管线位置后，才能进行钢板桩施工，确保原管道不被破坏。如图 7-1。

图 7-1　现场情况

2. 工程地质情况

第①层：杂填土（Q_4^{ml}）

杂色为主，松散，稍湿，属人工堆填形成，主要成分为黏性土、颗粒碎石、少量建筑垃圾组成，分布于场地表层，基坑开挖后本层被挖除。

第①1 层：耕植土（Q_4^{ml}）

褐黄色、褐灰色，结构松散，欠固结，季节性翻动，主要成分为黏性土，富含植物根须。该层主要分布于耕地、荒地表层。

第①2 层：淤泥（Q_4^{al+1}）

深灰色、灰黑色，湿，淤积而成，孔隙比大，状态差，流塑状，局部软塑状，层间含有机质，物理力学性质差，分布于沿线藕塘内，基坑开挖时应及时清除，以免坍塌引起基坑失稳。

第②层：粉质黏土（$Q_4^{al}+Q_4^{l}$）

褐黄色、斑黄色、褐灰色，稍湿，硬塑状，局部可塑状，切面光滑，有光泽，韧性及干强度高，局部含薄层状黏土。物理力学性质较好，分布地段可作管廊基础持力层。

第②1 层：粉质黏土（ $Q_4^{al}+Q_4^{l}$ ）

褐黄色、斑黄色、褐灰色、湿，软可塑状，切面光滑，有光泽，韧性及干强度中等，局部含薄层状黏土，本层零星分布，物理力学性质一般，分布地段可作管廊基础持力层。

第②2 层：粉质黏土（ $Q_4^{al}+Q_4^{l}$ ）

褐黄色、斑黄色、褐灰色、湿，硬可塑状，切面光滑，有光泽，韧性及干强度中等，局部含薄层状黏土。该层为膨胀土，具弱膨胀性，物理力学性质较好，分布地段可作管廊基础持力层。

第②3 层：圆砾（ $Q_4^{al}+Q_4^{l}$ ）

褐灰色、灰色，稍密状，局部中密，磨圆度较好，圆形、亚圆形，母岩成分主要为粉砂岩，由粉砂、粗砂充填，粒径一般 2 ~ 20 mm，最大粒径约 40 mm。局部相变为砾砂，零星分布，物理力学性质一般，可作为管廊基础持力层。

第③层：泥炭质土（淤泥）（ $Q_4^{al}+Q_4^{l}$ ）

黑色、灰黑色，湿，软塑状，局部流塑状，含未完全腐化的碎木屑，切面光滑，有光泽，韧性及干强度低，其物理力学性质差，分布地段不可作管廊基础持力层。

第③1 层：含有机质土（ $Q_4^{al}+Q_4^{l}$ ）

黑色、灰黑色，湿，软塑状，局部可塑状，局部为软塑状黏土，粉质黏土，切面光滑，有光泽，韧性及干强度低，其物理力学性质差，分布地段不可作管廊基础持力层。

第③2 层：黏土（ $Q_4^{al}+Q_4^{l}$ ）

灰黑色、褐灰色、湿，软塑状，局部流塑状，含未完全腐化的碎木屑，局部相变为泥炭、软塑状黏土、粉质黏土，韧性低，干强度低，物理力学性质差，不可直接作为管廊基础持力层。

第④层：粉质黏土（ $Q_4^{al}+Q_4^{l}$ ）

青灰色、黄灰色，稍湿，硬塑状，局部可塑状，切面光滑，有光泽，韧性及干强度高，局部含薄层状黏土。物理力学性质较好，分布地段可作管廊基础持力层。

第④1 层：圆砾（ $Q_4^{al}+Q_4^{l}$ ）

褐灰色、灰色，稍密状，局部中密，磨圆度较好，圆形、亚圆形，母岩成分主要为粉砂岩，由粉砂、粗砂充填，粒径一般 4 ~ 15 mm，最大粒径约 50 mm，局部相变为砾砂，零星分布，物理力学性质一般，可作为管廊基础持力层。

第④2 层：粉质黏土（ $Q_4^{al}+Q_4^{l}$ ）

青灰色、黄灰色，稍湿，软可塑状，孔隙比大，压缩性高，切面光滑，有光泽，韧性及干强度中等，局部含薄层状黏土。物理力学性质一般，该层承载力不满足设计要求时应做换填或地基处理。

第④3 层：粉土（ $Q_4^{al}+Q_4^{l}$ ）

蓝灰、青灰色，饱和，中密—密实状，无光泽，摇振反应中等，物理力学性质较好，可作管廊基础持力层。

第⑤层：黏土（ $Q_4^{al}+Q_4^{pl}$ ）

灰蓝色、黄灰色，可—硬塑状，韧性高，干强度高，切面光滑，有光泽，该层为膨胀土，干易开裂，浸水易软化崩解。一般具弱—中等膨胀性，该层厚度较大物理力学性质较好，分布地段可作为管廊基础持力层。

第⑤1 层：含砾黏土（ $Q_4^{al}+Q_4^{pl}$ ）

青灰色、兰灰色，湿，硬可塑状，砾石成分为粉砂岩，粒径一般 0.5 ~ 15 mm，含砾不均，局部相变为砾砂、黏土。该层厚度较小，分布局限。

第⑤2 层：粉土（ $Q_4^{al}+Q_4^{pl}$ ）

灰黄、灰色，饱和，中密—密实状，无光泽，摇振反应中等，物理力学性质较好，该层厚度较小，分布局限，可作管廊基础持力层。

第⑥层：黏土（ $Q_4^{al}+Q_4^{pl}$ ）

深灰—灰黑色，硬塑状，切面光滑，有光泽，干易开裂，浸水易软化崩解。该层为膨胀土，一般具弱膨胀潜势。该层厚度较大，分布稳定，可做管廊基础持力层，本次勘察未揭穿该层。

3. 水文情况

东河水量丰富，东河自北向南流。

7.1.3 围堰设计方案

本工程围堰依据设计图纸及现场因素，东河倒虹段采用打拉森钢板桩进行围堰，综合管廊每侧打设双排 12 m 拉森钢板桩，每侧两排拉森钢板桩的间距为 4 m，两排拉森钢板桩之间回填夯实黏性土。内排拉森钢板桩距管廊 1 m，方便管廊施工。管廊两侧的钢板桩进行围檩支撑。东河倒虹段施工围堰分两段进行，自西向东，首先施工 26 m，占用河道 20 m，另外 15 m 为河道引流通道，等前面的 26 m 施工完毕后在对后半段进行围堰施工。由于施工周期较长防止河水长期冲刷钢板桩外围回填土，在钢板桩外围堆码沙袋。

管廊两侧打双排钢板桩，内加水平钢支撑的围堰方式；其中钢板桩采用日本生产的 SKSPⅣ号拉森钢板桩，钢板桩型号采用 Q295bz-400×170，桩长为 12 m。钢板桩+支撑方案施工工艺简便、工期较短，钢板桩刚度大、质量好、周转次数多，且可回收利用、造价较低。止水及降排水采用钢板桩止水，其渗透水采用明沟梳理，集水井抽排；土方开挖采用 CAT350 挖机及 CAT12 小挖机配合为主，人工为辅，配合水平支撑分段开挖；倒虹段均选用 12 m 长Ⅳ号拉森钢板桩进行支护，厚度为 15.5 mm，宽度为 400 mm，高度 170 mm，东河倒虹段设 3 道水平支撑。支撑位置为桩顶以下 500 mm 处，第二道水平支撑为第一道水平支撑下 3 m 位置，第三道水平支撑为第二道水平支撑下 3 m 位置；水平支撑采用 A609 钢管，腰梁采用 HW400×400×13×21，牛腿采用 20 mm 厚钢板。钢板桩参数如表 7-1 所示。

表 7-1　钢板桩参数表

钢板桩型号	每延米截面积/cm^2	每延米惯性矩 I_x/cm^4	每延米抵抗矩 W_x/cm^3	容许弯曲应力 $[\sigma_w]$/MPa	容许剪应力 $[\tau]$/MPa
SKSPⅣ	242.5	38 600	2 270	210	120

7.1.4　技术难点分析

（1）本施工段综合管廊横穿东河，需对河道进行分段堆码沙袋、分段回填，进行拉森钢板桩施工，河水流量大，河道回填存在很大的困难。

（2）本施工段综合管廊施工垂直开挖深度较大，拉森钢板桩支护与内支撑及土方开挖等工序衔接较困难，施工过程中安全管理是一项重点工作，专职安全生产管理人员必须每天坚守工作岗位。

（3）地基深基坑支护、降排水是本工程的难点，并且穿越河道，河水流量较大，基坑降排水是该段施工的最大难点。

（4）基坑土方开挖量大，运距约 10 km，基坑较深，基坑支护后内支撑的阻挡，更给土方开挖造成非常大的困难，基坑开挖深度大必须采用 CAT350

大挖机（基坑顶部）及 CAT120 小挖机（基坑内部）配合挖土，河底含大量的淤泥；机械操作视觉盲区较多；基坑内支撑分布较密阻挡面宽；势必造成机械施工效率大大降低，人工挖土运输量大大加重，给土方开挖造成非常大的难度，基坑土方开挖的工作效率非常低，施工期间必须配备足够的劳动力，在短时间内加快完成。

7.2 管廊下穿河道围堰施工技术

7.2.1 钢板桩围堰施工流程和步骤

1. 施工流程

沙袋堆码→第一施工段河道回填→测量放线→第一段围堰（管廊三个面打设双排钢板桩）→钢板桩间抽排水及回填黏性土→管廊坑底高压旋喷桩施工→土方开挖、钢管内支撑→综合管廊施工→河底浇筑钢筋混凝土恢复至原高程→拔出部分钢板桩→第二段沙袋堆码→第二施工段河道回填→河水引流（从已施工好的管廊上过）→第二施工段围堰（管廊两侧打设双排钢板桩与第一段管廊顶板浇筑 300 mm 厚混凝土剪力墙有效连接）→钢板桩间抽排水及回填黏性土→管廊坑底高压旋喷桩施工→土方开挖、钢管内支撑→综合管廊施工→河底浇筑钢筋混凝土恢复至原高程→钢板桩拔出→河道内回填土挖出→管廊顶部回填处理→河堤恢复。

2. 施工步骤

测量放线→沙袋堆码→抽水清淤→回填黏性土、土夹石→放线定位→钢板桩放线定位→挖槽→安装导向定位支架→打设钢板桩→拆除托架→挖土→第一道支撑安装→挖土→第二道支撑安装→再挖土→第三道支撑安装→再挖土→垫层传力带施工→拆除第三道支撑→管廊施工→回填→拆除第二道支撑→再回填→拆除第一道支撑→河岸恢复→拔桩→河道回填土方清除。

7.2.2 钢板桩围堰施工工艺

1. 河道截流

首先采用人工将事先准备好的沙袋对河道进行第一阶段的截流，从外拉运黏性土用挖机从西边东河河道进行回填 20 m 宽河道，东边预留 15 m 河道进行河水引流，回填区域管廊南侧应回填机械操作平台让挖机进行土方作业。

回填河道：首先对第一施工段进行回填，待第一施工段施工完成后，再对第二施工段进行回填。综合管廊及两侧拉森钢板桩内部回填为黏性土，高度为回填至拉森钢板桩顶部下 500 mm；挖机操作区域为土夹石，并在土夹石中添加部分片石，用来保证回填土的密实性及稳定性。操作平台回填高度为拉森钢板桩顶标高。挖机操作区回填完成后，须进行碾压夯实，保证综合管廊挖土时，自卸车能正常通行。

2. 钢板桩的运输、堆放、吊运

装卸钢板桩采用两点吊装的方法操作，吊运时注意保护锁扣避免损伤，采用专用吊具进行单根吊装；钢板桩堆放场地要平整，并且要垫木方，分层进行堆放，堆放层数不得超过 6 层，运输过程中同样要在车厢底、侧面垫木方，所有钢板桩在车厢内基本水平放置，不能有交叉架空现象，防止锁扣损害。

3. 拉森钢板桩打设

在搭设前，先人工清理并在锁扣涂刷油脂；综合管廊三个面分别打设两排 12 m 拉森钢板桩，两排钢板桩的间距为 4 m，内排钢板桩距综合管廊外墙为 1 m；并对河道下游机械操作区进行单排拉森钢板桩打设，防止机械操作区域的回填土被河水冲走。双排拉森钢板桩之间的黏性土须每隔 500 mm 用手扶式振动碾进行分层人工夯实，保证综合管廊施工时河道的水不渗漏进施工区域；机械操作区域采用挖机进行碾压，保证车辆正常通行。每侧两排拉森钢板桩之间采用双根 M20 螺栓连接，间距为 1 m 一道，保证两排拉森钢板桩的稳定性。

钢板桩垂直度、移位控制要求，测量放线后，先用 10 号槽钢固定在地面作为钢板桩打入轴线控制导架，然后进行钢板桩打入施工；为确保钢板桩打入垂直度控制,在垂直钢板桩的两个互为 90°方向分别用两台拓普康 GTS102N 全站仪控制钢板桩的打入垂直度，先打入约 1 m，测量校核垂直度，校核完毕后，继续往下打设，边打边观测，若有偏差超出允许范围的立即进行调整。在机械操作区域内间隔 4 m，梅花形打设拉森钢板桩来保证回填土的稳定性，防止土体滑移。

4. 坑底高压旋喷桩施工

依据设计图纸，管廊坑地地基做高压旋喷桩加固处理。

5. 围檩支撑施工

综合管廊三侧的拉森钢板桩采用 3 道水平支撑。第一道支撑位置为桩顶以下 500 mm 处，第二道支撑位置为第一道支撑位置下 3 m 处；第三道支撑位置为第二道支撑位置下 3 m 处，水平支撑采用 A609 钢管间距 4 000 mm，腰梁采用 HW400×400×13×21，牛腿采用 20 mm 钢板。

（1）第一道 A609 钢管水平支撑：土方开挖至钢板桩顶下 1.5 m 位置，停止土方开挖工作，在钢板桩侧面牛腿位置弹水平线和按设计图纸定位水平支撑 A609 钢管位置，在钢板桩侧面先焊接 20 mm 厚牛腿，先采用 25 吨吊车将事先制作好的 HW400×400×13×21 H 型钢围檩放置于牛腿上，同样采用 25 吨吊车将事先制作好的 A609 钢管放置于牛腿上，A609 钢管端头板与 H 型钢围檩、牛腿进行满缝焊接，H 型钢围檩与钢板桩之间缝隙采用 C30 混凝土浇筑密实。第一道 A609 钢管水平支撑安装完成后，先自检合格后报监理工程师验收，并且出具焊缝检测报告，验收合格后进行下层土方开挖。

（2）第二道 A609 钢管水平支撑：土方开挖至第一道 A609 钢管水平支撑下 4.5 m 位置，停止土方开挖工作，在钢板桩侧面牛腿位置弹水平线和按设计图纸定位水平支撑 A609 钢管位置，在钢板桩侧面先焊接 20 mm 厚牛腿，先采用 25 吨吊车将事先制作好的 HW400×400×13×21H 型钢围檩放置于牛腿上，同样采用 25 吨吊车将事先制作好的 A609 钢管放置于牛腿上，A609 钢管端头板与 H 型钢围檩、牛腿进行满缝焊接，H 型钢围檩与钢板桩之间缝隙采用 C30 混凝土浇筑密实。第二道 A609 钢管水平支撑安装完成后，先自检合格后报监理工程师验收，并且出具焊缝检测报告，验收合格后进行下层土方开挖。

（3）第三道 A609 钢管水平支撑：土方开挖至第二道 A609 钢管水平支撑下 4 m 位置，停止土方开挖工作，在钢板桩侧面牛腿位置弹水平线和按设计图纸定位水平支撑 A609 钢管位置，在钢板桩侧面先焊接 20 mm 厚牛腿，先采用 25 吨吊车将事先制作好的 HW400×400×13×21 H 型钢围檩放置于牛腿上，同样采用 25 吨吊车将事先制作好的 A609 钢管放置于牛腿上，A609 钢管端头板与 H 型钢围檩、牛腿进行满缝焊接，H 型钢围檩与钢板桩之间缝隙采用 C30 混凝土浇筑密实。第三道 A609 钢管水平支撑安装完成后，先自检合格后报监理工程师验收，并且出具焊缝检测报告，验收合格后进行下层土方开挖。

6. 土方开挖

土方作业施工前提前关注保山市天气预报，避免在雨天施工。

土方开挖顺序：表层挖土→第一道围檩、支撑安装→挖土→第二道围檩、支撑安装→再挖土→第三道围檩、支撑安装→再挖土→垫层、传力带施工。

土方开挖线路、方法：

第一层土方开挖：桩顶下 1.5 m 位置，土方由东向西满堂开挖，施工第一道围檩和内支撑，验收合格后，进行下一层土方开挖；第二层土方开挖：开挖顺序为由北向南开挖，先挖出水平支撑间距内土方，然后采用人工开挖靠近钢板桩位置及水平支撑下挖机无法开挖的土方，搬运至水平支撑间距内挖机可开挖到的位置，用挖机挖出土方，开挖至第一道内支撑 4.5 m 位置停止开挖，施工第二道围檩和内支撑，验收合格后，进行下一层土方开挖；第三层土方开挖：土方由北向南开挖，利用长臂挖机先挖出水平支撑间距内土方，然后采用人工开挖靠近钢板桩位置及水平支撑下挖机无法开挖的土方，搬运至水平支撑间距内挖机可开挖到的位置，用挖机挖出土方，开挖至管廊底标高上 300 mm 位置停止开挖，施工第三道围檩和内支撑，验收合格后，进行预留 300 mm 厚的人工土方开挖，开挖出来的土方采用圆包车人工由东向西推出支撑外基坑位置后挖机上车运至指定土场。

土方开挖完成后，立即排除积水，基坑底部四周修 300×200 沟槽，积水通过沟槽汇集到集水坑，采用 8 台 50YW25-32-5.5 型号抽水机进行排水。基坑底土方开挖完成后，立即组织相关单位进行地基验槽及高压旋喷桩承载力试验，合格后及时浇筑砼垫层和混凝土传力带施工。

垫层：由于在河底，在土方清理完成后立即浇筑管廊混凝土垫层，保证基地的稳定性以及在短时间内用混凝土进行封底。垫层浇筑厚度为 100 mm 厚，C30 早强混凝土，宽度延伸浇筑至三边拉森钢板桩边，垫层即可当传力带。

传力带：在浇筑混凝土垫层的同时浇筑 400 mm 厚 C30 早强混凝土传力带。

7. 基坑排水降水措施

（1）基坑止水

主要以拉森钢板桩及双排拉森钢板桩之间的黏土阻水，其余渗透水主要以明沟梳理，集水井抽水排放。

（2）基坑降水

本施工段场地现场局部开挖施工过程中可见有地下水涌出，根据地下水涌出量的大小，水量少时土方开挖过程中采用集水井进行排水，基坑底两侧梳理明沟汇集到集水井用水泵进行抽排。

8. 倒虹段综合管廊主体结构施工

施工过程中注意关键部位的施工工序，管廊底变形缝处采用加宽的橡胶止水带（带宽为 600 mm）。第一施工段与第二施工段连接处设施工缝，施工缝的防水设置做法严格按设计图纸要求施工、验收；管廊顶板结构施工完毕后即进行管廊顶部第一段与第二段之间钢筋混凝土支护的施工和管廊两侧 1 000 mm×3 900 mm×300 mm 厚混凝土支护墙施工，待管廊防水施工完毕后验收合格即进行管廊两侧和顶部的回填。

9. 回填土

（1）管廊两侧回填

综合管廊两侧及顶板砂砾石回填，回填的压实度系数为 0.92。回填时分层回填压实，边回填边夯实，且两边同时回填，不能回填满一侧再回填另一侧；回填完管廊两侧再回填管廊顶。

（2）管廊顶部回填

管廊顶先回填砂砾石至 1 643.70 m 标高夯实后浇筑一层 300 mm 厚 C20 素混凝土板作为综合管廊的顶板保护盖板，混凝土保护盖板尺寸为 20 000 mm×10 800 mm×300 mm。

10. 拔　桩

在综合管廊顶部浇筑一堵 300 mm 厚，高度为高出河面 500 mm，宽度为 10 800 mm 的钢筋混凝土支护墙和管廊两侧 1 000 mm×3 900 mm×300 mm 厚混凝土支护墙施工完成强度达到要求并且河岸施工完成后，方可进行钢板桩拔出工作。

拔出顺序：先拔出内排，再拔出外排；在拔桩过程中若有拔不出的桩可以采用先往下压然后再往上拔的方式进行，对于拔除的钢板桩孔内应及时灌注粗砂回填。

11. 第二施工段施工

施工方法、步骤、工艺同第一施工段。

7.2.3 基坑监测

此段管廊下穿东河围堰基坑开挖深度大于 7 m,根据支护结构及周边环境对变形的适应能力和基坑工程对周边环境可能造成的危害程度，管廊东河下穿段基坑安全等级为二级。

基坑监测由建设单位委托具备相应资质等级条件的第三方监测机构进行监测，下面阐述的为我施工单位为确保基坑施工安全，特制定的基坑监测相关规定。

1. 本基坑监测项目

监测项目包括支护结构围护桩的水平位移、竖向位移监测、周围建筑物及地下管线变形监测、基坑内外地下水位变化监测等。

2. 监测点的位置及数量

（1）围护桩顶部水平位移和竖向位移监测点应沿围护桩周边布置，围护桩周边、中部、转角处应布置监测点。监测点间距不宜大于 20 m，每边监测点数量不应少于 3 个。监测点设置于第一道围檩上。

（2）支护板桩、支撑、围檩的应力及应变观测点应设置在受力较大位置，数量及位置宜结合现场条件确定。

（3）地下水位的观测宜在基坑四周设 2 个观测井，设置在钢板桩外约 2 m 位置。

（4）周边建筑物水平位移监测要求，监测点应布置于建筑物的墙角、柱基既裂缝的两端，每侧墙体的监测点不应少于 3 处。

3. 监测仪器、设备和监测元件要求

（1）满足观测精度和量程的要求。

（2）具有良好的稳定性和可靠性。

（3）经过校准或标定，且校核记录和标定资料齐全，并在规定的校准有效期内。

4. 监测与测试的控制指标

（1）支护桩顶水平位移累计不大于 30 mm，位移速率不大于 3 mm/d。

（2）桩身、围檩、支撑构件及立柱的应力值不大于设计值的 80%。

（3）周围道路及管线水平位移总量不大于 30 mm。

（4）地下水位应低于设计指标。

5. 监测要求

（1）在围护结构施工前精确测定初始值。

（2）施工中应加强对测试点及测试设备的保护，防止损坏。

（3）应采取有效措施保证测试基准点的可靠性及测试设备的完好，以确保测试数据的准确性。

（4）应及时向设计人员提供监测数据及最终测试评价成果，以便进行分析及采取相应的防范措施。

6. 监测周期

从基坑土方开挖至基坑回填土。在围护施工时，正常情况下，临近监测对象每 2 天观测 1 次，当日变化量或累计变化量超警戒值时，监测频率适当加密，每天观测 1 次。特殊情况如遇极端天气特别是暴雨超过 1 h 或监测数据有异常、突变，变化速率偏大等，适当加密监测频率，直至跟踪监测。在地下结构施工阶段，各监测项目观测频率为 2 ~ 3 次/周，支撑拆除阶段 1 次/天。

7. 监测报警值

基坑工程监测必须确定监测报警值，监测报警值应满足基坑工程设计、地下主体结构设计以及周边环境中被保护对象的控制要求。基坑工程监测报警值应以监测项目的累计变化量和变化速率值两个值控制。当出现下列情况之一时，必须立即进行危险报警，并对基坑支护结构和周边环境中的保护对象采取应急措施：当监测数据达到监测报警值的累计值；基坑支护结构或周边土体的位移突然明显增长或基坑出现流砂、管涌、隆起、陷落或较严重的渗漏等；基坑支护结构的支撑体系出现过大变形、压屈、断裂、松弛或拔出的迹象；周边建筑的结构部分、周边地面出现较严重的突发裂缝或危害结构的变形裂缝；周边管线变形突然明显增长或出现裂缝、泄漏等；据工程经验判断，出现其他必须进行危险报警的情况。

8. 基坑巡查

基坑工程整个施工期内，每天均应进行巡视检查。基坑工程巡视检查宜包括以下内容：土体有无裂缝、沉陷及滑移；基坑有无涌土、流砂、管涌；开挖后暴露的土质情况与岩土勘察报告有无差异；基坑开挖分段长度、分层厚度及支撑设置是否与设计要求一致；场地地表水、地下水排放状况是否正常，基坑降水设施是否运转正常；基坑周边地面有无超载；周边地面有无裂缝、沉陷；基准点、监测点完好状况；监测元件的完好及保护情况；有无影响观测工作的障碍物。巡视检查以目测为主，可辅以锤、钎、量尺等工器具以及摄像、摄影等设备进行。对自然条件、支护结构、施工工况、周边环境、监测设施等的巡视检查情况应做好记录。检查记录应及时整理，并与仪器监测数据进行综合分析。巡视检查如发现异常和危险情况，应及时通知建设方及其他相关单位。

第 8 章

城市地下综合管廊下穿既有高速公路施工技术

8.1　象山路管廊下穿大保高速公路工程概况

8.1.1　工程概况

保山象山路综合管廊线路，位于保山市隆阳区象山路，规划路线起于永昌路，止于东环路，全线长约 5 700 m，场地呈东西向展布，管廊下穿大保高速公路，桩号为 AK0+663 ~ AK0+708。下穿高速路段管廊位置为大保高速路大跨度桥下路面下，该部分基坑开挖深度为 4.0 ~ 5.0 m。

根据现场调查情况，该位置为规划待建象山路，地面为回填路基。现状桥板底面距现状地面高度为 4.8 m。桥涵分为南北两个，管廊布设于北边桥涵路面下，桥涵宽度为 25 m，结合管廊设计定位图。该段基坑开挖后，北侧基坑边距北侧桥墩为 6 m，南侧基坑边距南边柱墩为 7 m，基坑底部距桥板底面为 8.8 ~ 9.8 m。下穿桥梁桩号为 K495+219（大保高速 K145+845），桩基为钻孔灌注桩，桩长 21 m。如图 8-1 为项目现场实况图。

图 8-1　现场概况图

8.1.2 设计概况

保山象山路（永昌路—海棠路）综合管廊工程，综合管廊位于西北侧机动车道下，管廊中心线距道路中心线约为 12 m，全长大约 5 700 m，设置标准段、管线引出段、全通风口、通风口及吊装口、吊装口、人员出入口 1 座、倒虹段 3 座、地下交叉口 1 座。标准段底板、剪力墙、顶板均为 300 mm 厚钢筋混凝土，其余段管廊主体结构为 400 ~ 450 mm 厚钢筋混凝土，管廊交叉口主体结构为 500 mm 厚钢筋混凝土结构。每段均设置变形缝，标准段均 20 m 设置一道变形缝。管廊标准段断面尺寸 $B\times H$=2.4 m×2.4 m。如图 8-2。

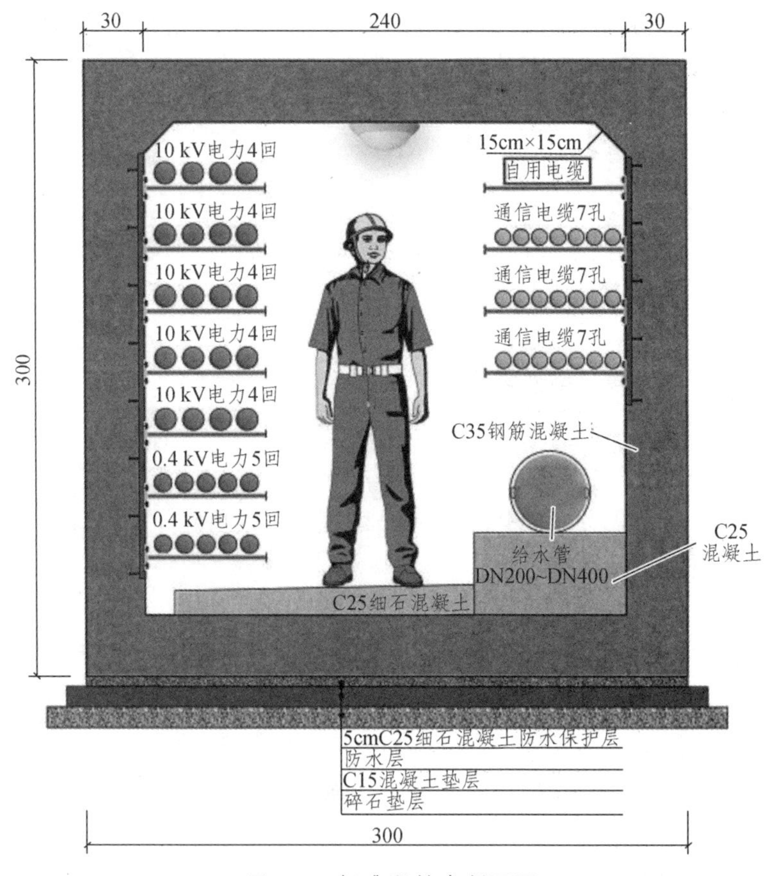

图 8-2　标准段管廊断面图

根据现场施工条件及设计施工图，下穿高速路段管廊基坑支护采用钻孔灌注桩+螺旋焊钢管支撑方式，其中桩间土采用挂网喷射 C20 砼护面。

8.1.3 工程地质与水文地质条件

1. 工程地质

根据云南岩土工程勘察设计研究院提供的现阶段勘察钻孔揭露，在钻孔控制深度范围内，各土层自上而下分述如下（表 8-1）。

第①层：杂填土

杂色为主，稍湿，由大量建筑垃圾、碎石，少量黏性土组成。分布于场地表层。

第②层：黏土

褐黄、灰黄色，可塑状，局部为粉质黏土，沉积环境差，土体均匀性差。

第②2 层：含有机质黏土

灰黑色—黑色，软塑状。局部相变为泥炭质土，孔隙比大，易松散，干强度韧性低，含少量朽木。

第③1 层：粉土

浅灰色、青灰色、灰白色，中密状，局部密实状，饱和，摇振反应中等，局部相变为粉质黏土、黏土。

第③2 层：砾砂

青灰色，中密状，局部密实状，粒径一般 0.5 ~ 2 cm，成分主要为石英、玄武岩等。

第③层：黏土

青灰色、灰黄色，可塑状，局部硬塑状，切面光滑，干强度高，韧性中等，局部夹薄层状粉质黏土。

第⑤层：黏土

灰白色、褐红色，可—硬塑状，切面光滑，干强度韧性中等，本层为膨胀土，干易开裂，遇水易软化。

第⑥层：黏土

褐黄色，可—硬塑状，切面光滑，干强度韧性中等，本层为膨胀土，干易开裂，遇水易软化。

第⑦1 层：粉土

灰色、灰褐色，饱和，中密—密实状，摇振反应中等。

第⑦层：黏土

深灰色，可—硬塑状，切面光滑，干强度韧性中等，本层为膨胀土，干易开裂，遇水易软化。

表 8-1　岩土层设计参数一览表

地　层	天然地基承载力建议特征值/kPa	直接剪切		固结快剪	
		内聚力	内摩擦角	内聚力	内摩擦角
①杂填土	不计	8*	4*		
②黏土	140*	32*	10*	40*	16*
②1 粉土	140*	14*	18*	20*	23*
②2 含有机质黏土	90*	20*	7*	25*	8*
③1 粉土	150*	15*	20*	22*	25*
③2 砾砂	150*	16*	21*	23*	26*
③黏土	160*	35*	12*	45*	18*
⑤	150*	35*	10**	40*	12*
⑥	150*	35*	10*	40*	12*
⑦1	170*	15*	20*	18*	25*
⑦	160*	38*	12*	45*	15*

2. 水文地质

拟建管廊沿线地下水较一般，地下水位较浅，地下水类型主要为赋存于黏土中的上层滞水及圆砾、粉土、砾砂中的孔隙水，场地富水性中等。管廊须考虑抗浮问题，基坑开挖后应及时抽排地下水及地表水。根据钻孔观测，地下水位一般在地面下 1.30 ~ 2.40 m。地下径流由北向南、由西向东。水源补给主要为大气降水及附近沟渠的渗透性补给，根据保山坝区多项地下水质分析资料，均为对建筑材料有腐蚀性。

8.2　象山路管廊下穿大保高速基坑开挖支护技术

8.2.1　钻孔灌注桩施工

1. 钻　孔

放样定位：工程开工前，根据轴线及桩位布置情况，在场地内建立测量控制网，然后依据控制网测放各桩位点。放线完成报监理工程师复验符合要求后进行下道工序施工。

旋挖机就位：钻机定位，由钻机自身配置系统进行钻机桅杆与机身水平和垂直调整定位。钻机就位时必须稳固、竖直、水平，定位准确，钻头中心与桩位中心误差不大于 10 mm。

埋设护筒：钻机就位后，在测量和施工人员的指导下，钻尖对准桩位中心，钻机旋挖至一定深度取出土后下放护筒。护筒埋深 1 m，护筒直径比桩孔直径大 200 mm，长度应满足护筒底进入黏土层不少于 0.5 m 的要求，护筒顶端高出地面 0.3 m，护筒埋设的倾斜度控制在 1%以内，护筒埋设偏差不超过 30 mm，护筒四周用黏土回填，分层夯实；护筒埋设应复测、校正桩位与护筒中心偏差：护筒埋设好后，由测量人员进行桩位复核校正。报和监理工程师确认后，进行钻进成孔。

旋挖机成孔：在钻进过程中，采用连续性筒式取土钻进成孔。结合以往施工经验，我方采用旋挖成孔，在护筒埋设并定位后，使用 ZL-280 型转挖机钻进，该钻机扭矩大，转速高，成孔效率高。钻机在就位时应重新测量、定位，在成孔过程中采用泥浆护壁成孔。利用钻进过程中钻头对泥土的搅拌作用自然造浆，根据实际需要可对泥浆的比重进行调节，在施工过程中泥浆比重一控制在 1∶4。泥浆在循环过程中在孔壁表面形成泥皮，它和泥浆的自重对孔壁形成护壁起保护桩孔作用，防止孔壁坍塌。通过成孔施工，泥浆护壁效果比较好，完全可以满足施工的需要。可通过掏渣筒掏渣以及给孔内加清水的方法来调节泥浆的比重，根据实际施工需要，泥浆比重一般控制在 1∶4 以上，这样有利于钻进和孔壁的稳定。

2. 钢筋笼制作与安装

钢筋笼制作：钢筋笼在现场分节制作，根据现场场地（桥涵净高）情况，钢筋笼分为三节进行制作，主筋与加强筋的交叉位置采用点焊焊接，螺旋筋与主筋采用铅丝绑扎加固。钢筋笼制作除符合设计要求外，还应符合相关规定。制作好的钢筋笼，即进行逐节验收，合格后挂牌存放；分段制作的钢筋笼，采用单面搭接焊，焊缝长度不小于 $10d$，封闭箍和加强环采用单侧搭接焊。主筋焊接时接头应错开，在同一截面内的钢筋接头数不得多于主筋总数的 50%。螺旋箍筋应大部分与主筋点焊，增加钢筋笼的强度，钢筋笼接长焊接应满足规范相关要求。

钢筋笼孔内安装：钢筋笼接长在孔口进行，将需要接长的钢筋笼第一节用分工配合 60 型挖机吊装安装在桩孔内固定，将第二节钢筋笼用 60 型挖机吊起，上下节钢筋笼主筋搭接焊接，单面焊搭接倍数不小于 $10d$，焊缝高度 $\geqslant 0.3d$，焊缝宽度 $\geqslant 0.6$。上下节应保持顺直，同截面接头不得超过配筋的 50%，接头相互错开不小于 500 mm。钢筋焊接完好后，应缓慢下放入孔内，以此类推进行第三节钢筋笼安装。

3. 下导管

导管的选择：采用丝扣连接的导管，其内径 Φ250 ~ Φ280，底管长度为 4 m，中间每节长度一般为 2.5 m。在导管使用前，必须对导管进行外观检查、对接检查。外观检查：检查导管有无变形、坑凹、弯曲，以及有无破损或裂缝等，并应检查其内壁是否有混凝土粘附固结。对接检查：导管接头丝扣应保持良好。连接后应平直，同心度要好。经以上检验合格后方可投入使用，对于不合格导管严禁使用。导管长度应根据孔深进行配备，满足清孔及水下混凝土浇筑的需要，即清孔时能下至孔底：水下浇筑时，导管底端距孔底 0.5 m 左右，混凝土应能顺利从导管内灌至孔底。

导管下放：导管在孔口连接处应牢固，设置密封圈，吊放时，应使位置居中，轴线顺直，稳定沉放，避免卡挂钢筋笼和刮撞孔壁。

4. 混凝土浇筑

① 混凝土采用 C35 细石超流态砼，采用混凝土输送泵将混凝土直接输送到需要浇筑混凝土的桩孔位置倒入料斗内，混凝土坍落度控制在 18 ~ 22 cm；② 导管提升应保持与桩孔垂直，防止挂碰钢筋笼，拆下的导管要及时冲清干净；③ 灌注混凝土时充盈系数以现场实际施工情况确认；④ 混凝土灌注接近桩顶时，由于导管内混凝土高度减小，压力降低，管外泥浆稠度比重增加，出现灌注困难，应提高漏斗高度。砼灌注完成时，适时拔出护筒，并做好孔口防护，防止发生意外事故。

5. 机械钻孔灌注桩施工

安排专人负责测量钻进深度，做好日施工记录；灌注混凝土施工时，安排专人测量导管的埋入深度，并做好记录；灌注混凝土时，应做好混凝土用量记录，提出超充盈系数量的索赔依据；安排专人进行混凝土试块制作、养护和送检。

6. 机械钻孔灌注桩验收

维护钻孔灌注桩工程施工完毕，按照规范的相关要求和规定进行验收。支护工程施工完成后及时整理竣工资料，报请监理工程师验收，及时交付结构施工。

8.2.2 桩间挂网喷射混凝土施工工艺流程

钻孔桩之间用挂网喷射砼进行保护，网喷随着土方开挖及时跟进，开挖一段，网喷一段，支护一段，喷射砼强度等级为 C20，厚度为 90 mm。桩间土要求清理到距离钻孔桩外边线 80 ~ 100 mm 处（钻孔桩不侵结构线），用镐头及铁锹把桩间土削平整，然后挂钢筋网、喷射砼。

喷砼是将集料、水泥和水按设计比例拌和均匀，用喷射机压送拌和好的混凝土混合料到喷头处，再在喷头上添加水后喷出，其工艺流程如图 8-3 所示。

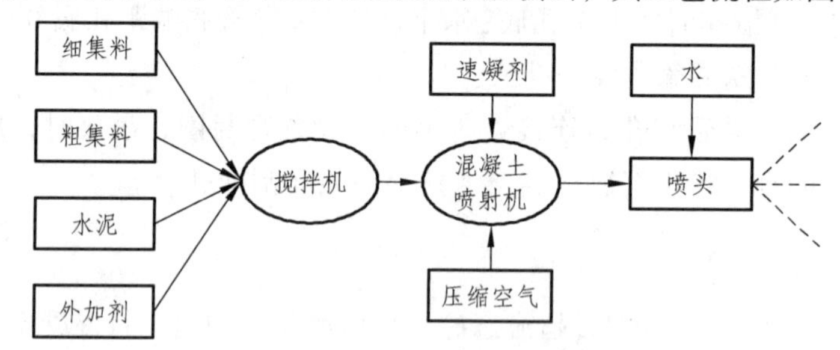

图 8-3　喷射混凝土施工示意图

1. 原材料配备

原材料配备要求见表 8-2 所示。

表 8-2　喷射混凝土配料表

编号	材料	技术性一般要求
1	水泥	优先使用普通硅酸水泥，强度标号不低于 P.O.42.5
2	细骨料	中粗砂，细度模数≥2.5，含水率 5% ~ 7%
3	粗骨料	卵石或碎石、粒径≤15 mm
4	水	饮用水
5	速凝剂	初凝≤5 min，终凝≤10 min

2. 砼的拌制

（1）水灰比宜为 0.42 ~ 0.5，含砂率宜控制在 50% ~ 60%，外加剂的添加量应通过实验室确定。其配分比一经测试确定，不能随意更改。

（2）砼的拌制，采用强制式搅拌机时，搅拌时间不得少于 60 s；采用滚筒式或自落式搅拌机时，不少于 120 s。

（3）运输存放过程中，严防雨淋、大块石与杂物入内，装入喷射机前应过筛。

3. 喷砼机具设备

需要用到的机具设备有：喷射机、喷射机械手、强制式搅拌机、压力水泵、空压机、上料机等。

4. 喷射砼前的准备工作

（1）材料方面：首先对水泥、砂、石、速凝剂、水等质量进行检验合格；砂、石应过筛并应事先冲洗干净，砂、石含水率应符合要求。为控制砂石含水率，一般要设置防水棚，干燥的砂子应当撒水。

（2）机械及管路方面：喷射机、砼搅拌机、运输机等在使用前，都应检修完好，管路及接头要保持良好，要求风管不漏风，水管不漏水。

（3）开挖出的基坑面应清理出围护桩面砼，桩间网喷厚度做好标志，防止喷砼侵入主体结构净空。

（4）喷射砼边界放样方法：在冠梁施工时内边沿每桩间隔处埋设小钢筋圈，以用来挂重锤球测定喷射砼的边界线。

5. 钢筋网的布设

（1）在基坑侧桩身上间距 500 mm 设置 12 # 膨胀螺栓，用 HRB400 级 $\phi 10$ 加强筋与膨胀螺栓焊接牢固，相邻桩间交错布置。

（2）将钢筋网挂在钢筋钩上，为保证钢筋网固定牢固，在桩间竖向间距 500 mm 布置 $\phi 10$ 连接筋，相邻桩间交错布置。连接筋两端与钢筋挂钩焊接牢固，采用单面焊 $10d$。

（3）土层中含水量丰富的部位，需留置好泄水管，以便把层间滞水有效地疏导出来，防止地下水的水压力对支护结构产生不利影响。

（4）为避免桩间土坍塌及水土流失，在施工时采取以下措施：

① 在遇到土质较差的土层时，土方开挖深度做相应减小，要避免土体未支护就发生坍塌现象。

② 对桩间的浮土要清净，如桩间有局部坍塌现象发生，则需用喷射砼进行填充。

③ 钢筋网固定在钢筋钩上，采用点焊的方式，同时设置连接筋，在遇到土质较差时，适当加大桩间连接筋的密度。

④ 在遇到有水土层时，喷射砼面层根据情况设置相应的排水孔，安放引水管，避免桩间土由于地下水浸泡而发生坍塌。

6. 喷射砼作业

喷射工作要严格掌握规定的速凝剂掺量，并添加均匀，严格控制水灰比，使喷层表面平整光滑，无干斑或滑移、流淌现象。喷锚作业前，对机械设备，风、水管路，输料管路和电缆线路进行全面的检查及试运营。在未上砼拌和料之前，先开高压风及高压水，如喷嘴风压正常，喷出来的水和高压风应呈雾状。如喷嘴风压不足（适宜的风压一般为 0.1 ~ 0.15 MPa），可能是出料口堵塞；如喷嘴不出风，可能是输料管堵塞。这些事故都应及时排除，然后再开电动机。先进行空转，待喷机运转正常后再开始投料、搅拌和喷射。喷射作业开始时，先送风，后开机，再给料；结束时，应先待料喷完后，再关风。喷射混凝土作业分段分片进行。喷射作业自下而上，先喷钢筋网与围护桩间隙部分，后喷钢筋网间部分。一次喷射厚度根据喷射部位和设计厚度而定，对于桩间一次喷射 4 ~ 5 cm，分两次喷射完成，桩上喷射一次 2 ~ 3 cm 完成。后喷一层应在先喷一层凝固后进行，若终凝后或间隔 1 h 后喷射。喷射路线应自上而下，呈“S”形运动；喷射时，喷头作连续不断的圆周运动，并形成螺旋状前进，后一圈压前一圈 1/3。

喷射作业时，喷头距受喷面距离宜为 1.5 ~ 2.0 m，喷射机要求风压为 0.3 ~ 0.5 MPa。有条件时，宜将喷头固定在机械手上进行喷射作业；条件不许可，需采用人工撑握喷头时，应由两人共同操作喷头。喷头与受喷面保持垂直，如遇受喷面被钢筋网片、格栅覆盖时，可将喷头稍微偏斜，并应减小喷头至受喷面的距离，保证钢筋网片保护层厚度不小于 2 cm。对砂层地段进行喷射作业时，应首先紧贴砂层表面铺挂钢筋网，并用钢筋沿环向压紧后再喷射厚 2 ~ 3 cm 砼；然后再按照规定铺设钢筋网，进行二次喷射。对有水地段进行喷射时，先从远离渗漏水处开始，逐渐向渗漏处逼近，将散水集中，安设导管或盲沟引流，排到集水坑，再向渗漏处逼近喷射。

7. 喷射砼的养护

为使水泥充分水化，使喷射砼的强度均匀增长，减少或防止砼的收缩开裂，确保喷射砼质量，应在其终凝 1 ~ 2 h 后进行洒水养护，养护时间不小于 7 d。喷射砼在强度达到 80%以上（即 3 d 以上）可以进行下一道工序。

8.3 基坑土方开挖施工技术

8.3.1 土方开挖

土方开挖应配合型钢内支撑的安装进行出土。根据现场条件，采用 1 台 60 型挖机于基坑内作业，1 台 60 型挖机配合转土，1 台 350 型挖机装土，土方外运 15.45 km（四方已签认土场）。

第一次掘土：钻孔灌注桩及冠梁施工完成后，采用 60 型挖机把表层土挖掉，约 1 m 深，按设计施工图进行 H 型钢内支撑施工；这层土采用 60 型挖机挖掘，采用自卸封闭车辆运土。

第二次掘土：螺旋焊钢管支撑梁施工完成后，因基坑顶操作面限制，需采用 60 型挖机从基坑一头掘进，1 台 60 型挖机配合转土，1 台 350 型挖机装土，自卸车辆运土。

第三次掘土：人工清理基底土厚度为 300 mm，人工清土集中由 60 型挖机清运出基坑，自卸封闭汽车运至土场。

8.3.2 基坑降水

根据地勘资料，本施工段场地地下水位为-2.0 m，现场局部开挖施工过程中可见有地下水涌出，土方开挖过程中采用集水井进行排水，基坑底两侧梳理明沟汇集到集水井进行排出。结合现场实际及基坑底尺寸，基坑两侧按约 20 m 间距挖设深 1 m 长、宽×1.5 m 深集水井，沿基坑两侧人工挖设 300 宽×200 深排水沟与集水井连通，将基坑内地下水汇集于集水井中使用抽水进行统一抽排。集水井应设置盖板或是可靠的围护确保安全。

8.3.3　基坑监测

1. 本基坑监测项目

监测项目包括支护结构的水平位移、桥墩位移、桥墩混凝土挡墙位移沉降等。

2. 监测点的位置及数量

① 在基坑顶部每 5 m 设置沉降、倾斜及水平位移观测点。② 支撑、圈梁的应力及应变观测点应设置在受力较大位置，数量及位置宜结合现场条件确定。③ 地下水位的观测宜在基坑四周设 4 个观测井。④ 基坑底部回弹及隆起观测视现场情况确定。

3. 监测与测试的控制指标

① 支护桩顶水平位移累计不大于 30 mm，位移速率不大于 3 mm/d；② 桩身、支撑构件的应力值不大于设计值的 80%；③ 周围道路及构筑物水平位移总量不大于 30 mm；④ 地下水位应低于设计指标。

4. 监测要求

① 在围护结构施工前精确测定初始值；② 施工中应加强对测试点及测试设备的保护，防止损坏；③ 应采取有效措施保证测试基准点的可靠性及测试设备的完好，以确保测试数据的准确性；④应及时向设计人员提供监测数据及最终测试评价成果，以便进行分析及采取相应的防范措施。

5. 监测周期

从基坑土方开挖至基坑回填土。在围护施工时，正常情况下，临近监测对象每 2 天观测 1 次，当日变化量或累计变化量超警戒值时，监测频率适当加密，每天观测 1 次。特殊情况如监测数据有异常或突变，变化速率偏大等，适当加密监测频率，直至跟踪监测。在管廊结构施工阶段，各监测项目观测频率为 2～3 次/天，支撑拆除阶段 1 次/天。

第 9 章 城市地下综合管廊下穿既有综合管廊施工技术

9.1 景区大道管廊下穿保岫路既有管廊工程概况

9.1.1 工程概况

保山中心城市景区大道（北七路—沙丙路）综合管廊工程，位于保山市隆阳区，为拟建道路下的三舱管廊，断面尺寸 $B \times H$=11.2 m×4.5 m，管廊为南北走向，起于北七路，止于沙丙路，管廊总长 7.6 km。其中 AGL3+343.9～BGL0+050 段（共计 100 m）为穿保岫东路段，本专项方案仅针对穿保岫东路段北半幅 AGL3+343.9～BGL0+000（共 57.1 m）段进行编制。南北走向的新建景区大道综合管廊和原有保岫路东西走向的综合管廊在保岫路平面呈十字正交，新建管廊在下，原有管廊在上，两管廊垂直距离为 0.921 m，独立设置，互不相连。保岫东路为保山市东西城区联通的主要交通干道，目前已建成并投入使用。保岫路地下三舱管廊布置在道路北半幅绿化带下方约 3.5 m 处，管廊断面 $B \times H$=6.1 m×3 m，管廊已经投入使用，已容纳电力管线、通信管线、给水管线、再生水管线、燃气管线、污水管线。施工期间电力、给水、燃气不能断流，详见图 9-1 所示。

图 9-1　保岫路既有管廊情况

根据建设单位提供的保岫东路管廊设计图及现场踏勘，经核对保岫路原有管廊施工图及现场实际测量定位，新建管廊与原有管廊交叉段，基坑开挖范围内原有管廊主体不存在变形缝，原有管廊变形缝距新建管廊基坑边约6 m。因保岫东路管廊内给水、强弱电、燃气、污水等已在运行，无法实施破除，因此景区大道管廊下穿时，需对与景区大道管廊正交段保岫路管廊进行整体支撑保护，以确保保岫路管廊各仓功能正常运行。

9.1.2　基坑支护设计概况

围护结构：整个横穿保岫路管廊段（100 m）范围基坑采用长度 24 m、直径 800 mm，间距 1.5 m 的钻孔灌注桩，两排支护桩之间设两道 609 mm 钢管内支撑，桩间临坡面采用挂钢筋网片+喷射 9cm 厚混凝土的支护体系。支护灌注桩顶部设 600 mm×900 mm 钢筋砼冠梁；第一道围檩、内支撑设置在围护桩顶-0.4 m 位置，第二道支撑设置-4.4 m 位置，如图 9-2 所示。

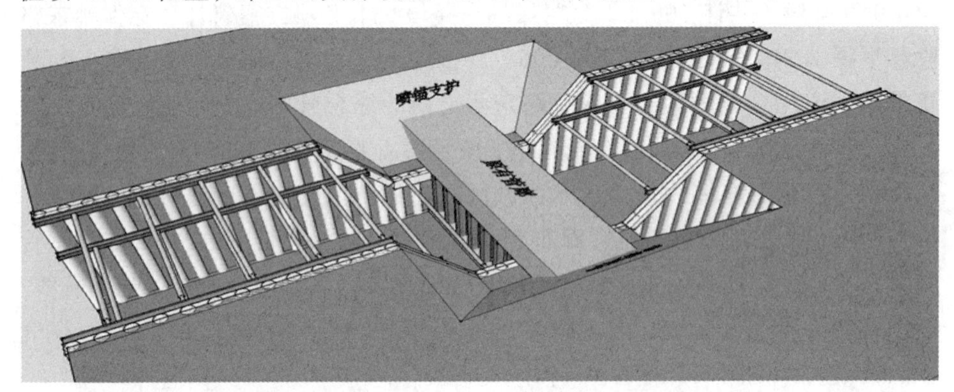

图 9-2　基坑围护结构示意图

原有保岫路管廊下部支撑结构：基坑边为灌注桩+横梁；基坑内横跨临空段原有管廊下为两排共 14 棵角钢格构柱（600 mm×600 mm）进行支撑，如图 9-3 所示。

管廊交叉口处横梁以上部分采用放坡开挖，土体采用喷锚支护：ϕ48×3.5mm 钢管注浆锚杆，长 4 m，间距 1.8 m×1.8 m，面层喷射 8 cm 厚 C20 素混凝土。原有管廊底部以下无支护桩部分采用喷锚支护：ϕ48×3.5 钢管注浆锚杆，长 4 m，竖向共 3 排，水平向共 3 根，间距 1.5m，面层挂设 ϕ8@200×200 钢筋网片并喷射 8cm 厚 C20 混凝土。

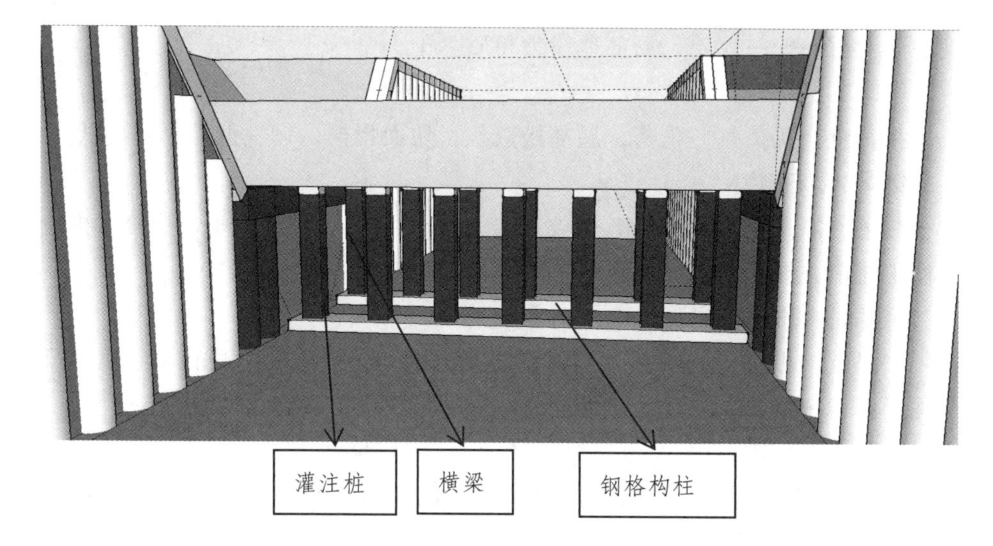

图 9-3　角钢格构柱布置示意图

格构柱施工前，原有管廊底部核心土开挖形成的临时坡面采用喷射 6 cm 厚 C20 混凝土护面。

管廊主体施工完成后，基坑采用砂砾石分层回填至原路面结构层底（顶板以上总回填厚度 6.7 m），新建管廊与原有管廊正交立交段之间的间隙（921 mm）采用 C20 细石混凝土填筑。

9.1.3　施工场地概况

1. 工程地质条件

根据图纸设计基坑底地层为④1 粉土，由地质钻探表明，在钻孔控制深度范围内，各土层自上而下分述如下：

第①层：路面及路面层

第①1 层：沥青路面等水稳层。

第①2 层：路基结构层，主要为压实的级配碎石、红土碎石、片石层。

第②层黏土（粉质黏土）

褐黄色、灰黄色、褐色，可塑状，湿，刀切面较光滑，干强度高，韧性高，物理力学性质一般，局部地段力粉质黏土。

第②1 层黏土

褐黄色、灰黄色，可—软塑状，湿，刀切面较光滑，干强度韧性高，物理力学性质一般—较差，局部地段为粉质黏土。

第②2 层：粉土

褐黄色，灰黄色，稍密，局部松散状，切面粗糙，韧性低，干强度低。

第②3 层砾砂

灰色，褐灰色，稍密状，主要成分为砂岩、灰岩等风化残余颗粒，少量黏性土充填，局部揭露。

第③泥炭质土（淤泥）

灰黑色—黑色，软塑状，局部流塑状，饱和，含未完全炭化植物根系，干强度低，韧性低，物理力学性质差，局部有机质含量好，为黏性土。

第③1 层粉质黏土（粉土）

褐灰色、深灰色—灰黑色，吋塑状，湿—饱和，均匀性差，部分相变为粉土。

第③2 层粉质黏土

青灰色、灰黄色为主，可塑状，干强度高，韧性中等，物理力学性质一般。

第③3 层黏土

灰褐色为主，局部含少量有机质为灰黑色，软塑状，湿，切面光滑，局部为粉质黏土，切面较光滑，力学性质较差。

第④层粉质黏土

蓝灰色、青灰色，局部褐黄色，可塑状为主，局部硬塑状，切面较光滑，干强度韧性高，力学性质较好。

第④1 层：粉土

灰褐色、深灰色，中密—密实，饱和，切面粗糙，韧性低，干强度低。本层均匀性差，相变频繁，不均匀夹粉质黏土、粉细砂。

第④2 层砾砂

青灰色，深灰色，饱和，稍密状，局部中密状，主要成分为砂岩、灰岩等风化残余颗粒，少量黏性土填充。

第④3 层黏土

褐灰色，青灰色，软塑状为主，切面较光滑，干强度韧性高，力学性质较差。

⑤ 层黏土

灰黄、黄白色，可塑状，切面光滑有光泽，本层一般具弱—中等膨胀潜势，为膨胀土，遇水易软化，干易收缩开裂，胀缩等级为Ⅱ级。

⑥ 层黏土

灰黄、黄白色，可塑状，切面光滑有光泽，本层一般具弱—中等膨胀潜势，为膨胀土。遇水易软化，干易收缩开裂，胀缩等级为Ⅱ级。

2. 气象水文地质条件

保山市隆阳区属亚热带高原山区气候，澜沧江、怒江深切，气候类型极为复杂；隆阳区冬春两季雨水稀少，空气干燥，夏秋两季雨水较多。地下水埋深较浅，根据地勘报告，地下水位绝对高程为 1 642.22 m，为现路面下约 3.5 m 深即见地下水，地下水丰富性中等，现地表水丰富。

3. 周边环境及地下管网情况

该段工程南北两侧均为农田耕地，东西两侧为已建好道路，无构筑物，场地开阔平坦。根据建设单位和相关道路单位提供材料及现场踏勘，本段工程北半幅路面地下管线分布为：

人行道道路下为保岫东路管廊，根据建设单位提供的保岫东路管廊施工图，顶板埋深 3.473 m，顶板绝对高程为 1 644.237 m，垫层绝对高程为 1 641.137 m；人行道下埋设有 1 根 ϕ500 供水管，埋深约 1.5 m；中央绿化带位置道路下埋设有 1 根 ϕ800 供水管，埋深约 3.5 m；机非隔离带位置地下埋有 ϕ1 000 雨水管，埋深 1.5 m，雨水自西向东流；其余均为路灯、信号灯等照明管线，埋深约 1.0 m。

其中给水管均为钢丝网骨架聚乙烯复合管，根据建设单位提供的资料，在本交叉路口段，ϕ800 供水管有外包铁管。其余均为一般埋设。

9.1.4 工程重难点分析

根据相关单位提供资料及现场勘查，本危大工程存在以下特点：

（1）场地地下水位高，基坑底砂土层透水性强。

（2）该段为穿保岫路管廊及市政道路地段，施工过程中需着重管线保护方案的实施。

（3）该段基坑开挖深度大，分层开挖及挖土配合支护施工的工序交叉频繁。

（4）保岫东路为保山市主要交通干道，是连接东、西城区的干道，车流量较大（上下班时段），施工过程中需合理组织交通疏导，同时确保基坑安全。

（5）保岫路管廊支撑保护方案的实施与该段基坑支护及土方开挖之间工序的搭接是施工中组织的重点。

（6）保岫路管廊底部的核心土开挖，支撑原有管廊的横梁以及格构柱施工是本工程施工的关键部位。

9.2 景区大道管廊下穿保岫路既有管廊开挖支护技术

9.2.1 技术参数与工艺流程

1. 技术参数

见表 9-1、表 9-2。

表 9-1 基坑支护技术参数

序号	分项工程	规格、型号	设计尺寸或材质参数	设计图纸参数
1	围护结构	φ800 钢筋砼灌注桩	长度 24 m	桩中心距 1 500 mm
2	围檩结构	I 45b 型钢		双拼，两道，竖向间距 4 m
3	内支撑结构	钢管	A609×16	两道，竖向间距 4 m，水平间距 4 m
4	桩间支护结构	护面	φ8、C20 砼	φ8@200×200+C20 砼
		螺栓	M12	间距 500 mm
5	格构柱支撑	钢板+角钢	600×600	间距@2 000 mm
6	喷锚支护	护面	C20 砼	8cm 厚 C20 砼
		锚杆	φ48×3.5 mm 钢管	长 4 m，间距 1.8 m×1.8 m
7	横梁	钢筋混凝土	900 mm×1000 mm	混凝土等级 C30
8	注浆	—	0.6∶1 水泥浆	注浆压力 0.3 MPa

表 9-2 其他相关技术参数

序号	分项工程	规格、型号	设计尺寸或材质参数	方案图纸参数
1	坑顶挡水墙		标准免烧砖	300 mm×300 mm
2	坑底排水沟		土沟	300 mm×300 mm
3	坑底集水坑		标准免烧砖	900 mm×800 mm×1 000 mm

2. 总体流程

如图 9-4。

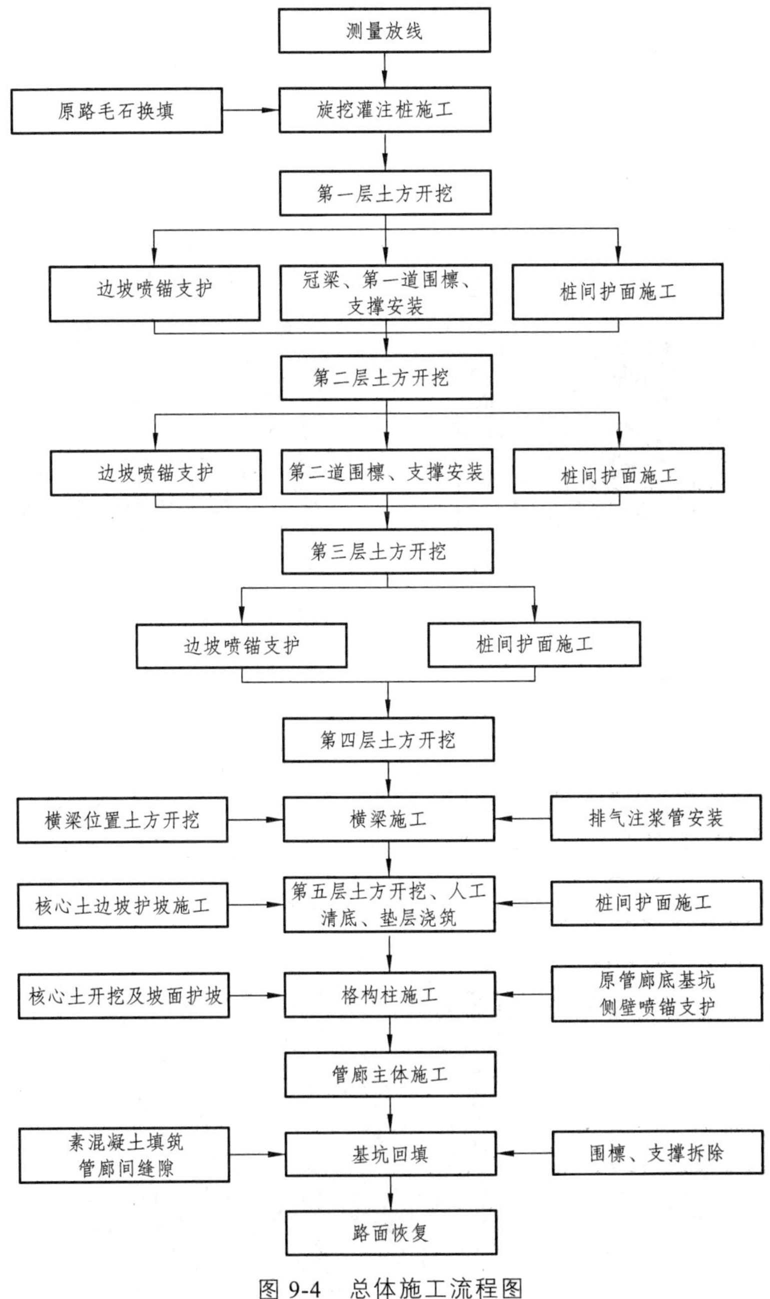

图 9-4　总体施工流程图

3. 核心土开挖流程

第一步：1、2 部分土体开挖完成，施工横梁。

第二步：3、4 部分土体开挖完成，施工格构柱 A、B。

第三步：5 部分土体开挖完成，施工格构柱 C。

第四步：6 部分土体开挖，施工格构柱 D。

第五步：7 部分土体开挖。

如图 9-5、9-6。

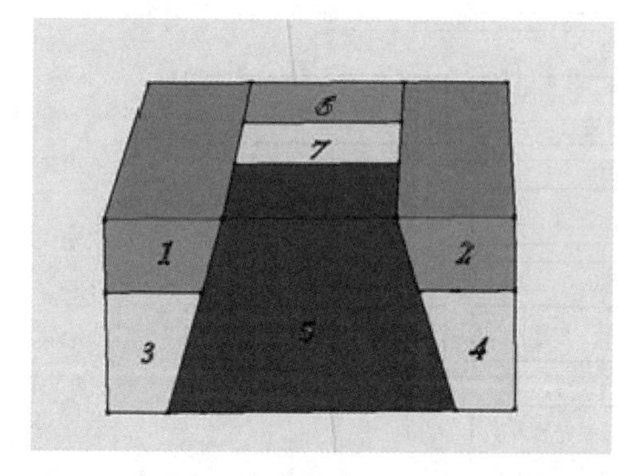

图 9-5　核心土开挖顺序示意图

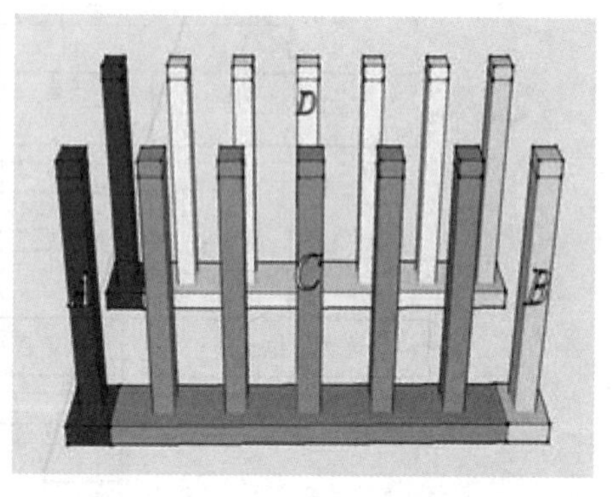

图 9-6　格构柱施工顺序示意图

9.2.2　支护桩施工

钢筋混凝土桩支护设计参数：基坑支护深度 12 m，采用钢筋混凝土桩支护，桩径 800 mm，桩心距 1.5 m，桩长 24 m，桩身混凝土采用 C30 混凝土，主筋为 ⌀32，钢筋接头采用直螺纹套筒连接，箍筋采用 Φ16。结合地勘资料，旋挖钻孔灌注桩所处土壤类别为二级土。如图 9-7。

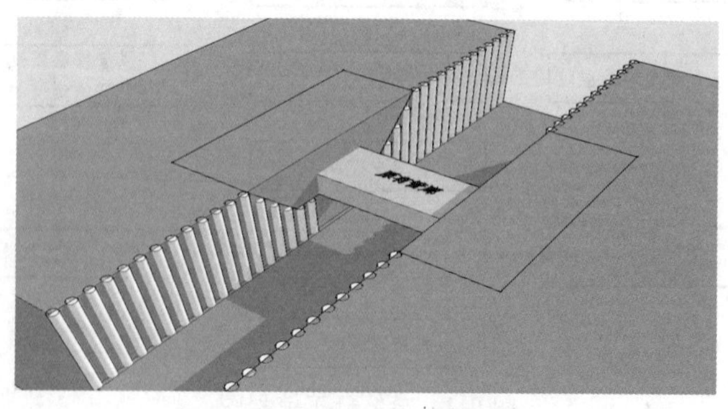

图 9-7　支护桩示意图

1. 旋挖灌注桩施工工艺流程

如图 9-8。

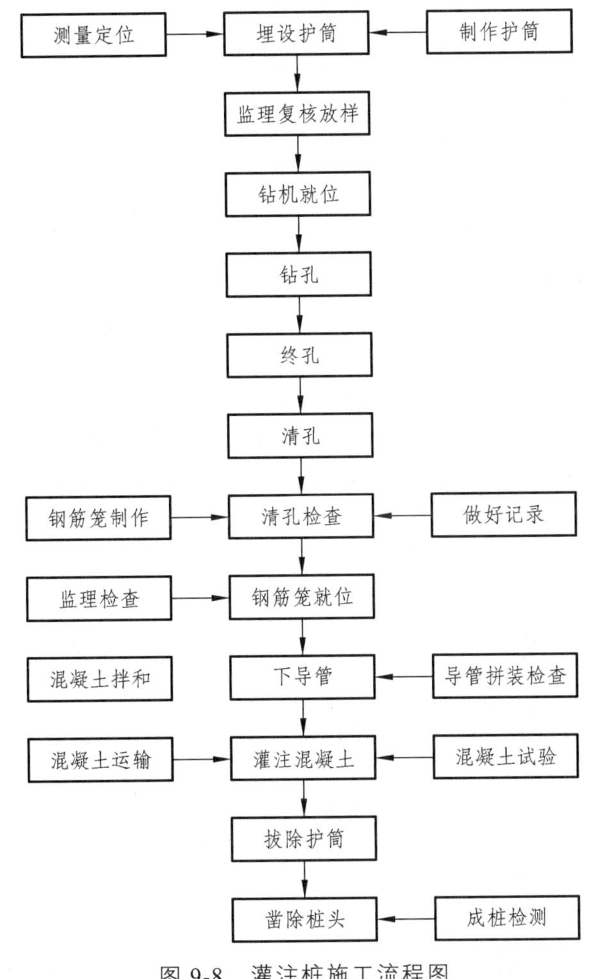

图 9-8　灌注桩施工流程图

2. 测量放线定位

复核建设单位提供的测量控制点符合要求后，测放出各桩桩位，报监理工程师复核。根据预先测设的测量控制网（点），定出各桩位中心点。

3. 埋设护筒

钻孔时采用长度适应钻孔地基条件的护筒，保证孔口不坍塌以及不使地表水进入钻孔。埋设护筒时，护筒底部及周围分层夯实确保护筒不下沉、移位、漏水。

（1）护筒用钢板制作。为确保护筒刚度，防止变形，采用 20 mm 厚钢板制作。

（2）护筒内径比桩径大 200 mm，可根据钻孔情况选用。

（3）护筒高度高与地面平。

（4）护筒中心竖直线与桩中心重合，一般平面允许偏差为 30 mm，竖直线倾斜不大于 1%。

（5）护筒连接处要求筒内无突出物，应耐拉、耐压、不漏水。

（6）护筒埋设好后，测量其顶部标高，做好记录，并经监理工程师复核。

4. 钻机就位

液压多功能旋挖钻机就位时与平面最大斜度不超过 4 度，钻杆中心与护筒中心偏差不得大于 5 cm。钻机平台周围必须平整、密实。钻机就位后的底座和顶端必须平稳，在钻进过程中不得产生位移或沉陷，否则应及时处理。

5. 钻　孔

（1）当准备工作就绪，桩位复核无误后，才进行钻孔施工。钻孔在相邻桩（5 m 范围内）混凝土浇筑完成 24 h 后方可进行，避免干扰相邻桩混凝土的凝固。

（2）钻孔开始时，先缓慢启动钻盘，待孔口周围泥土挤压密实后，再开始钻进。

（3）在钻孔过程中认真做好记录，钻孔过程中出现泥浆、黏土、块石土等，随时检查泥浆比重、黏度和含砂率。

（4）在不同的钻孔过程中捞取钻渣判断工程地质情况并与设计地质情况相对照，渣样分袋包装，贴标签妥存；当发现变化较大时应及时向监理工程师报告。

（5）孔桩施工时，钻孔应连续进行，不得中断。

6. 清　孔

（1）清孔的目的是保证孔底无渣土、泥浆等，清除钻渣和沉淀层，尽量减少孔底沉淀厚度，防止桩底存留过厚沉淀土而降低桩的承载力。其次，清孔还为灌注混凝土创造良好条件，使测深准确，灌注顺利。清孔后报监理工程师要对泥浆性能指标进行检查。当旋挖钻机周边堆土达到一定量后，挖机及时配合清渣，运至弃土场指定的地方，运距 27 km。

（2）清孔的质量控制根据施工图设计要求钻孔浇筑桩孔底沉渣厚度必须小于 50 mm。清孔结束后，把测绳从导管内放入孔底，测量出的孔深跟终孔时的孔深比较，计算出沉渣厚度。沉渣满足要求后，并经监理工程师确认在最短时间内灌注混凝土。

7. 钢筋笼制作

（1）钻孔的同时加工钢筋笼，在钢筋进场时，质量员对钢筋数量、生产厂商、合格证进行复核，在使用前按规范对每批（≤60 t）进行送验一次。钢筋的连接采用套筒连接。

（2）钢筋笼的制作在现场进行，起重设备能力为 25 t，制作时将严格按规范进行。

（3）制作中要求主筋平直，箍筋圆顺，尺寸、位置准确，根数符合设计要求。主筋与箍筋连接牢固，箍筋采用点焊。保证安装时不致变形，钢筋工由经过培训的人员担任，焊工持有焊工证件。

8. 钢筋笼安装

在下放钢筋笼时，应注意搬运与起吊，切勿将钢筋笼变形。在下放过程中，若遇阻，应慢转钢筋笼，不能强行墩砸钢筋笼，以免笼底插入孔壁变形。

9. 导管安装

（1）导管内径为 300 mm，导管下放前进行水密性试验承压试验及接头抗拉试验，试验后要对导管编号，下导管时按编号拼接。

（2）导管下放时，应使位置居于孔中，轴线垂直，稳步沉放，防止卡挂钢筋骨架和碰撞孔壁，并应在灌注混凝土前进行升降试验，下放检查沉淀厚度，合格后方可进行下一道工序施工。

（3）导管底部至孔底标高控制在 0.25 ~ 0.4 m。

10. 灌注混凝土

（1）为确保灌注的顺利进行，混凝土灌注前要首先准确计算出首批混凝土方量。灌注混凝土时要由一人统一下令开始灌注，灌注速度要循序渐进，导管首次埋置深度应不小于 1 m。首批混凝土灌注后，混凝土应连续灌注。在灌注过程中，导管的埋置深度控制在 2 ~ 6 m。

（2）灌注桩混凝土由混凝土运输车运至施工现场后，直接由料斗进入导管进行灌注。

（3）在灌注过程中，应经常探测孔内混凝土面位置，及时地调整导管埋深。

（4）当灌注的混凝土顶面距钢筋骨架底部 1 m 左右时，应降低混凝土的灌注速度。当混凝土拌合物上升到骨架底口 4 m 以上时，提升导管，使其底口高于骨架底部 2 m 以上，即可恢复灌注速度。

（5）在灌注过程中，应将井孔内溢出的泥浆引流至适当地点处理，防止污染环境。

（6）灌注完的桩顶标高比设计标高高出 0.7 m，高出部分在混凝土强度达到 80%以上后凿除，凿除时必须防止损毁桩身。拔护筒时，应注意勿使桩头混凝土离析。

（7）在灌注将近结束时，应核对混凝土的灌入数量，以确定所测混凝土灌注高度是否正确。

（8）旋挖桩施工完成后，应对所有工程桩（100%）做小应变，检测桩身的质量，并应符合相应规范要求。

（9）按规范要求的数量制取抗压强度试件，满足施工和规范要求。钻孔灌注桩施工全过程应真实可靠地做好记录，记录结果应经驻地监理工程师认可，如钻孔记录、终孔检查记录、混凝土灌注记录。

11. 桩间支护施工

根据设计图，桩间坡面采用挂网+喷面支护，钢筋网片用 12#膨胀螺栓按间距@500 mm 固定在灌注桩上，网片采用 Φ8@200×200，加强筋用 Φ10@500 mm。搭接时上下左右一根对一根搭接绑扎，搭接长度 420 mm。钢筋网片借助于加强筋与膨胀螺栓焊接成一个整体。喷射混凝土强度 C20，喷射作业时，空压机风量不宜小于 9 m^3/min，气压 0.2 ~ 0.5 MPa，喷头水压不应小于 0.15 MPa，喷射距离控制在 0.6 ~ 1.0 m，通过外加速凝剂控制砼初凝和终凝时间在 5 ~ 10 min，喷射厚度 90 mm。养护采用洒水养护。养护时间不少于 7 d。

桩间支护应配合各层土方分层开挖交叉进行。

9.2.3 第一层土方及第一道支撑施工

本工序施工完成后如图 9-9 所示。

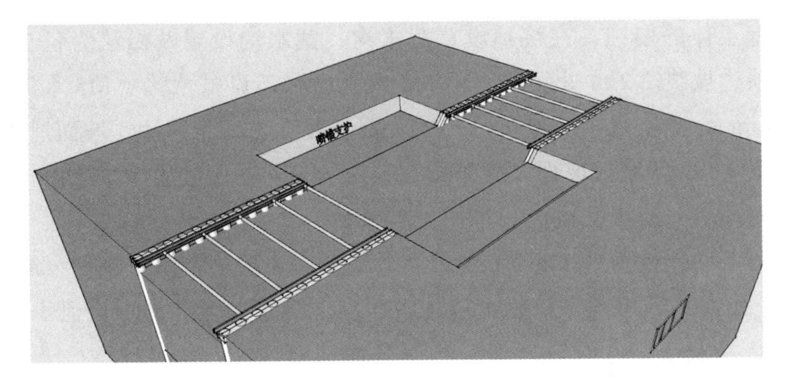

图 9-9　第一层土方及第一道支撑施工示意图

1. 第一层土方开挖

支护桩施工完成并养护达到设计强度即可进行冠梁和支撑施工。根据支护图标高计算，为便于冠梁及第一道支撑施工，第一层土方开挖厚度为 1.5 m。先破除现有路面结构层，再进行一般土层开挖，根据地勘资料，本层主要为路面及路基结构层。破除现有路面结构层计量以现场签证为准。本层土方采用 360 型挖机置于基坑顶即可完成开挖，自卸渣土车配合运输。两条管廊交叉口采用放坡开挖，坡比为 1∶0.75。该区域开挖前用全站仪定位并洒灰线作为控制线，基坑开挖四大角设置定位桩，便于边坡控制。机械开挖后采用人工清理边坡并穿插进行边坡喷锚支护。

2. 边坡开挖及喷锚

（1）施工工序：土方开挖→平整坡面→孔位放线→成孔→锚杆加工和安装→注浆→补浆→喷混凝土面层→定期进行养护→下层土方开挖。以上工序循环进行直至基坑底部。

（2）基坑壁表面采用喷射砼支护，土体内部采用锚杆压力灌浆，通过压力灌浆使支护结构与土体形成整体，共同承担土压力。支护参数：ϕ48×3.5mm 钢管注浆锚杆，长 4 m，间距 1.8 m×1.8 m，面层喷射 8 cm 厚 C20 素混凝土。

（3）喷锚支护施工与土方开挖交叉同步进行。土方机械开挖控深作业面高度 1.5 m，待上一作业面喷锚施工完成后，方可进行下一作业面的开挖，严禁超前挖，开挖的作业面必须及时支护封闭，遇土层较差时（如粉土或砂土层），开挖控深不大于 1.0 m，并可按如下工序进行施工：修面、素喷砼→打锚杆→补喷砼、锚杆压力灌浆→继续土方开挖→……

（4）排水系统为地表排水系统、支护内部排水系统。为防止地表水的渗漏对护壁土体的侵蚀，在坑顶设置截水沟，截水沟设置及做法为：在原路面距离坡顶边坡线 2.2 m 处切槽，用 M5 水泥砂浆砖砌截水沟，M5 水泥砂浆抹面厚 20 mm，净空尺寸 300 mm×300 mm，沟面盖钢筋网片。坡面泄水做法：在基底上 0.5 m 高度处坡面设置 Φ48 mm@2 000 mm 孔径的泄水孔以排除基坑边土体内部水。泄水孔做法：采用 Φ100PVC 管，长 600 mm，伸入土层的部分在管壁上钻孔径为 8 mm 孔 16 个，泄水孔外管口略向下倾斜，露出墙面 20 mm，孔内灌满粗砂。在施工过程中，出现渗水处应立即增设泄水孔。

3. 桩顶冠梁施工

根据设计图，桩顶设置 600 mm×900 mm 冠梁连接，混凝土等级为 C30，冠梁具体配筋详见图 9-10。

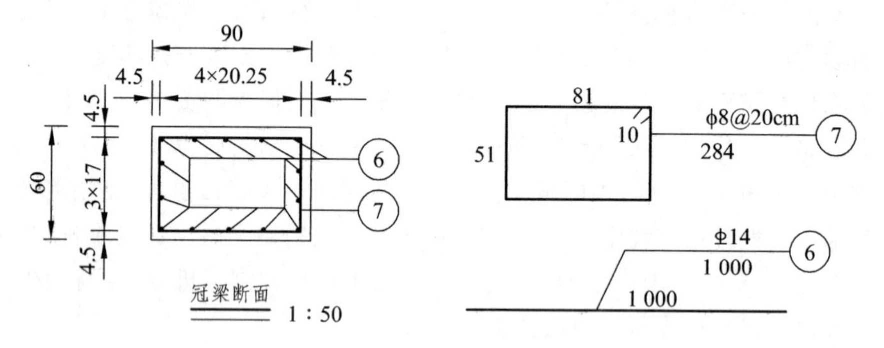

图 9-10　冠梁配筋图

根据设计图及现场土方分层及先后开挖情况，如图 9-11 所示。本工程冠梁分两段两次施工，先施工平路面段冠梁，两管廊交叉处斜段做第二次施工，且施工斜段时，与横梁接头处预留足够钢筋搭接长度，待横梁施工时，需将横梁钢筋与冠梁连接浇筑成整体，平直段与斜段冠梁钢筋、横梁钢筋与冠梁钢筋均采用单面焊搭接，搭接接头及搭接长度符合相关规范要求。

4. 第一道支撑施工

内支撑采用 Φ609×16 mm 螺旋焊钢管支撑梁对撑，水平间距 4 m，腰梁采用Ⅰ45b 型钢腰梁双拼。本道支撑预加轴力值为 300 kN。节点处腰梁的翼缘和腹板均加焊加劲板，围檩与支护桩间间隙应采用 C30 细石砼填塞。钢牛腿与钢筋砼桩主筋焊接连接，详见图 9-12。

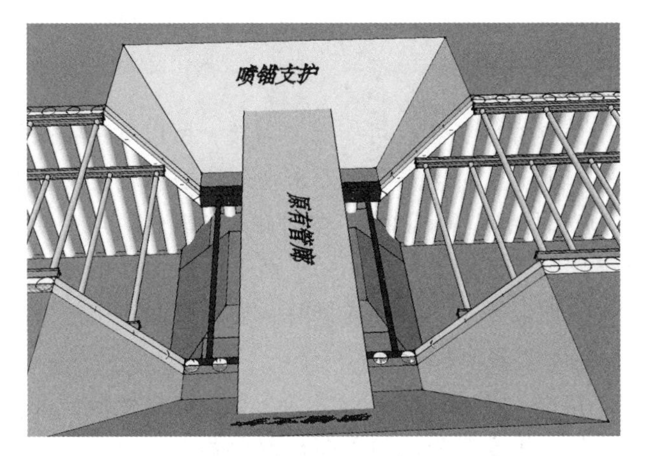

图 9-11　开挖示意图

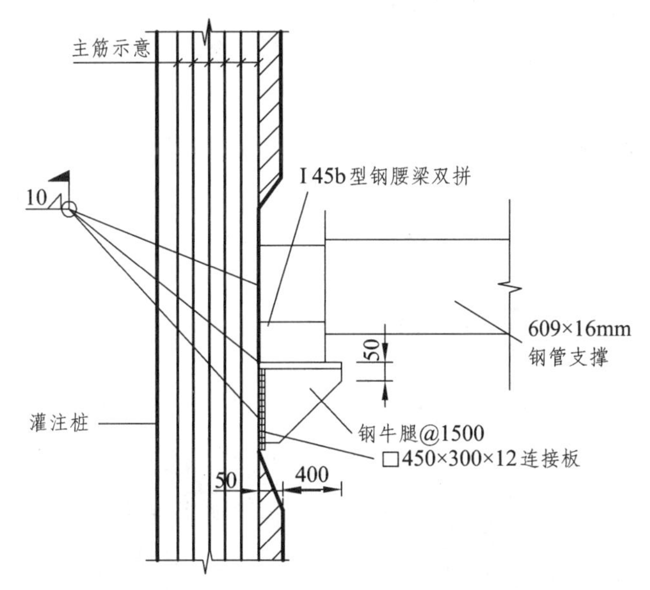

图 9-12　钢牛腿与钢筋砼桩主筋焊接示意图

（1）支撑施工流程

配料→机械设备进场→材料分批进场→支撑安装标高定位→焊接连接件→支撑端部焊接→电焊节点质量自检→循环安装下组支撑。

（2）安装机械配置

汽车吊卸料和局部型钢拼接，挖机配合进行安装。

（3）安装标高控制

按设计标高用水准仪在冠梁上测定标高，划出红漆坐标，要求每间隔 10 m

在梁上设一个控制点。

（4）支撑安装

① 由于本项目支撑较长，有可能需要对接，所以本项目采用现场实测、现场焊接安装法施工。在对接安装时要求拉通线控制直度，钢支撑弯曲不得超过 15 mm，施工时用钢卷尺测量。在构件有代表性的点上找平，符合设计尺寸后电焊点牢，以保证钢支撑在同一平面上，如构件本身有变形可用机械及氧气、乙炔火焰加以矫正。双拼连接时，如有弯曲，用链条葫芦或螺栓千斤顶进行校正，确保整根支撑平直。

② 钢支撑焊接时，防止焊接变形。为了抵消焊接变形，可在焊接前进行装配时，将工件与焊接变形相反的方向预留偏差。采用合理的焊接顺序控制变形，不同的工件应采用不同的顺序。

③ 钢支撑施工时，根据图纸尺寸编好号的每根支撑用腹板焊接连接。安装时要确保纵横向的平直。

④ 所有焊缝要满足设计和规范要求的长度和宽度，并不小于 10 mm，对受拉受剪力的焊缝必须敲掉焊渣检查，防止虚焊、假焊。每道焊接工序后，必须清渣自检，合格后通知监理等有关人员验收。

9.2.4 第二层土方及第二道支撑施工

本道工序施工完成后如图 9-13 所示。

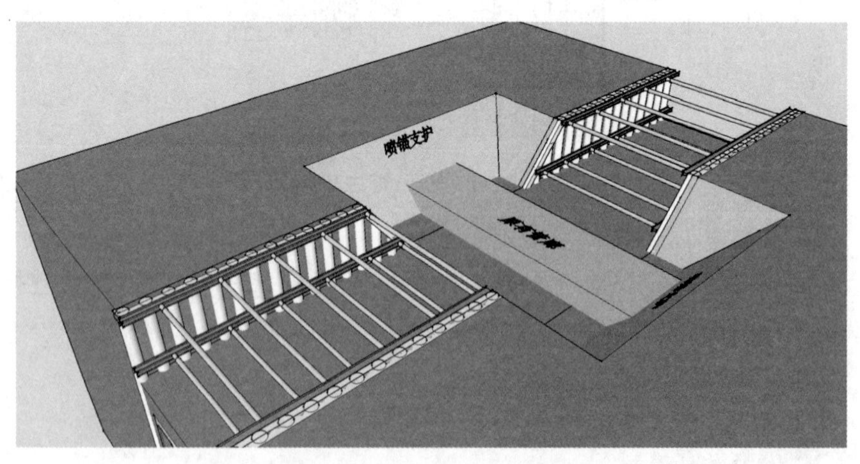

图 9-13 第二层土方及第二道支撑施工示意图

1. 第二层土方开挖

第一道支撑安装完成后，即可进行第二层土方开挖。根据设计图计算，第二道支撑与第一道支撑垂直高差（间距）为 4 m，结合已挖第一层土方厚度，为便于第二道支撑安装，本层需挖出土方厚度为 3.0 m。本层土方开挖采用 360 型挖机置于基坑顶，120 型挖机置于基坑内进行配合开挖。交叉口四个角边坡开挖方式同第一层。

同时，为便于桩间支护施工及确保基坑安全，本层土方分两次开挖，每次开挖厚度为 1.5 m，上层土方开挖完成后及时进行桩间支护施工，桩间支护施工完成后方可进行第二层土方开挖，并及时穿插进行桩间支护施工。土方及桩间支护完成后即可进行第二道支撑安装。

2. 第二道支撑安装

本道支撑材料选择、安装工艺、安装做法同第一道做法。因第一道支撑在第二道支撑正上方，竖向投影互相重合，吊装第二道支撑时无法一次就位，因此安装时需采用 120 型挖机配合校正位置。本道支撑预加轴力值为 1 200 kN。

9.2.5 第三、四层土方施工

1. 第三层土方开挖

完成第二层土方开挖和第二道支撑施工后，继续往下挖 2.253 m 至原有管廊（保岫东路管廊）底部，开挖到此处后交叉口四个角的放坡开挖支护已完成，可进行剩余斜坡段冠梁施工。如图 9-14。

图 9-14 第三层土方施工

根据实际情况，本层土方开挖需配合第二道支撑施工进行，每道支撑安装前，需先挖除对应的第三层土方后方可进行安装。以此类推，直至第三层土方开挖及第二道支撑安装完成，同时穿插完成第三层土方开挖完成后的边坡桩间支护。本层土方采用 360 型、220 型、120 型挖机配合开挖倒运完成。

2. 第四层土方开挖及横梁施工

第三层土方开挖及喷锚支护完成后进行第四层土方开挖，继续往下挖 2 m，为横梁施工提供工作面，本层土方采用 360 型、220 型、120 型挖机配合开挖倒运完成，开挖过程中严禁拆除及碰撞第二道支撑。该部分土方开挖时，原管廊正下方土体作为核心土支撑，暂不开挖，因此本层土方开挖时，以原管廊侧墙边线外移 1 m 作为开挖线，以 1∶0.75 的坡比预留核心土，核心土为图 9-15 深色部分所示。

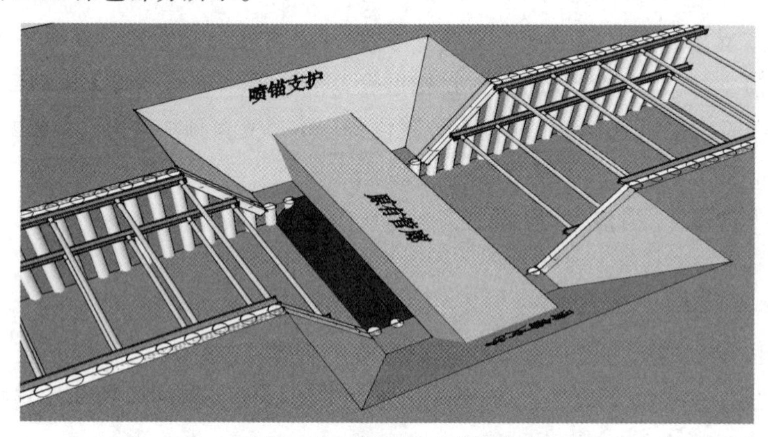

图 9-15　第四层土方施工

开挖时为确保该部分核心土体稳定并对原管廊取支撑作用，开挖过程中支护班组必须及时对该部分土体南北两面进行喷射 6 cm 厚 C20 素混凝土护面。开挖时及时穿插进行桩间支护施工。第四层土方开挖完成后，即可进行横梁施工。

9.2.6　横梁及第五层土体施工

1. 横梁位置土方开挖

横梁位开挖及横梁施工完成后如图 9-16 所示。

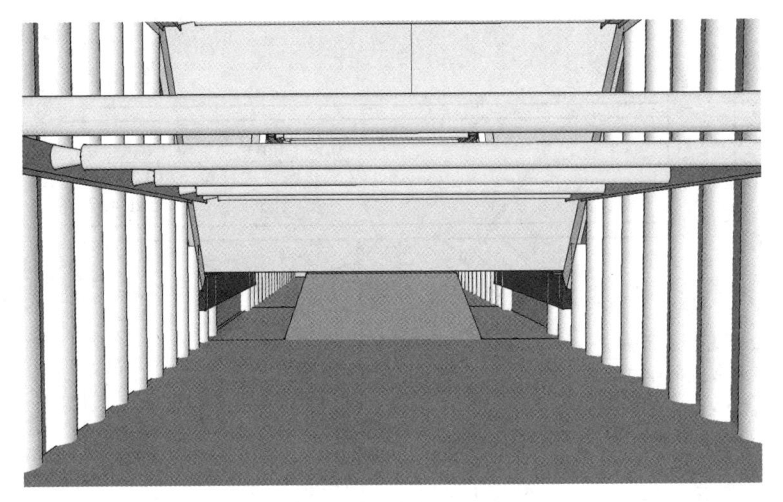

图 9-16　横梁施工示意图

横梁截面尺寸为 900 mm×1 000 mm，横梁顶绝对标高为 1 641.137 m。横梁位采用人工配合 60 型挖机进行土方开挖。施工测量定位横梁位置及标高后，采取管廊南北两侧同时进行开挖，先开挖横梁侧边倒梯形核心土，再开挖横梁位置土体。土方开挖截面尺寸按图 9-17 所示进行，以确保横梁钢筋、模板安装时的人工操作面。挖土过程中洞口基坑内一侧斜坡面（核心土斜面）采用喷射 6 cm 厚 C20 素混凝土进行护面，横梁下基坑侧壁采取喷锚支护：锚杆选用ϕ48×3.5 钢管，竖直方向共 3 排，上面两排锚杆长度为 4 m，最底一排锚杆长度为 3 m，水平方向共 3 排，间距 1.5 m×1.5 m，由于空间较窄，锚杆方向向基坑侧壁方向倾斜 30°，已利于锚杆机操作。钢筋网片为ϕ8@200×200，加强筋为ϕ10@500，网片筋采用 12#膨胀螺栓按间距@500 固定于钢筋混凝土桩上，面层喷射 8 cm 厚 C20 素混凝土。

2. 横梁钢筋、混凝土施工

横梁位及操作面土方开挖完成后，先进行横梁底模及外侧模板安装，然后再进行横梁钢筋安装。钢筋安装前在原有管廊底部（横梁顶部）设置 3 根导气注浆管（两端各设置 1 根），安装导气注浆管前，对原管廊混凝土进行打凿剔槽，将管子安装于槽内使导气注浆管顶口高于横梁顶。钢筋安装完成并验收合格后，再进行内侧模板安装并进行最终加固。横梁配筋如图 9-18，导气注浆管预埋如图 9-19。

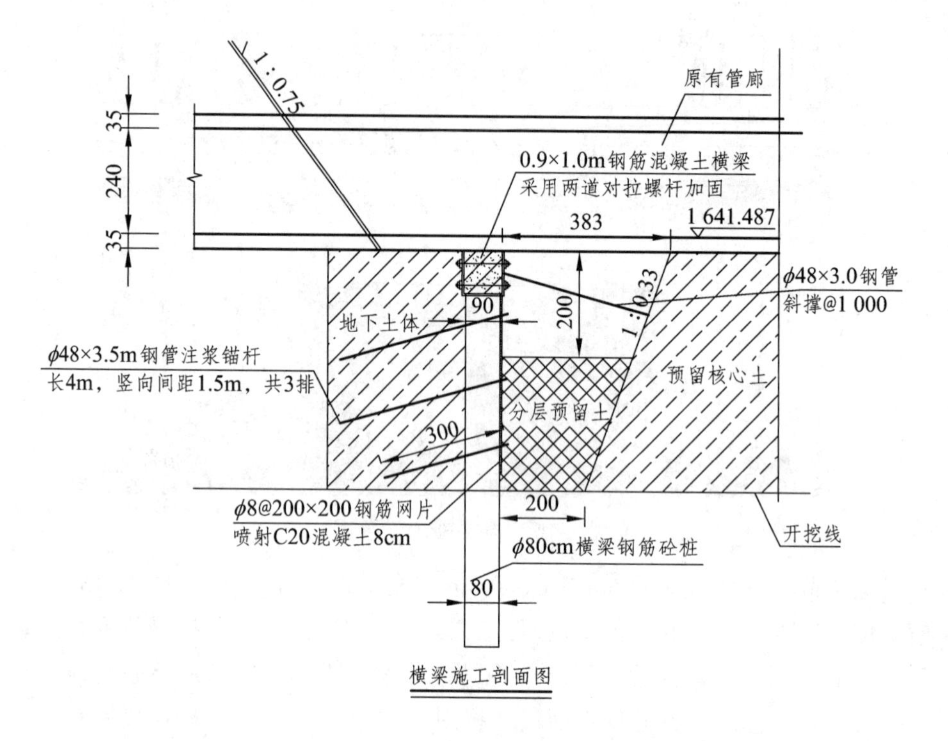

图 9-17　土方开挖截面尺寸示意图

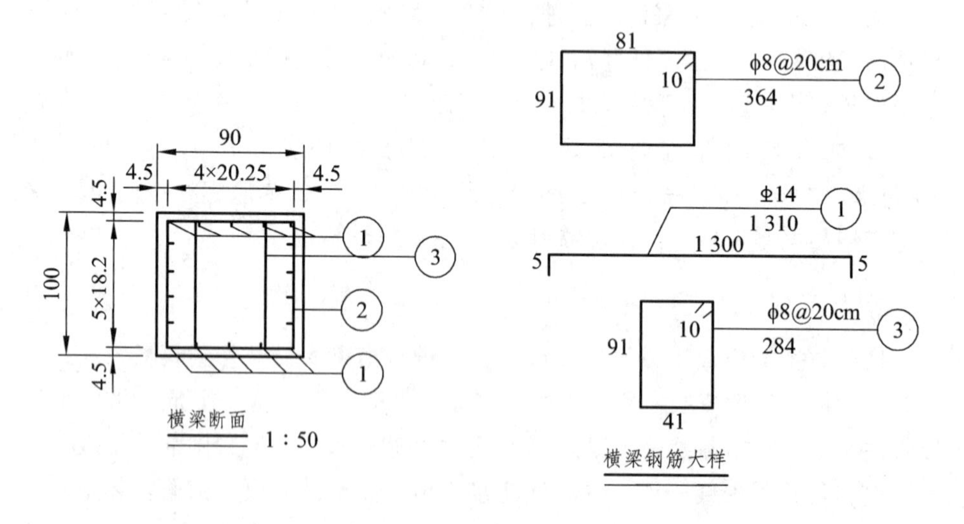

图 9-18　横梁配筋图

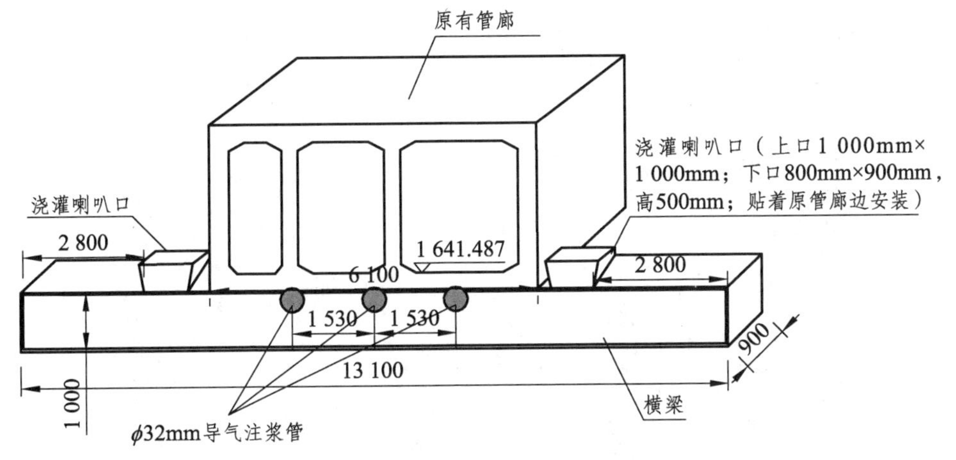

图 9-19　导气注浆管预埋示意图

横梁采取木模板围护浇筑。面板采用 20 厚层板，次楞采用 50 mm×100 mm 木方，间距为 200 mm，主龙骨为双钢管（ϕ48×3.0）。采用ϕ16 对拉螺杆进行加固，对拉螺杆竖向间距为 500 mm，水平间距为 800 mm（图 9-20）。模板施工完成后为保证模板的稳定性，在模板对侧的核心土与次楞之间加设一排ϕ48×3.0 钢管作为固定支撑。

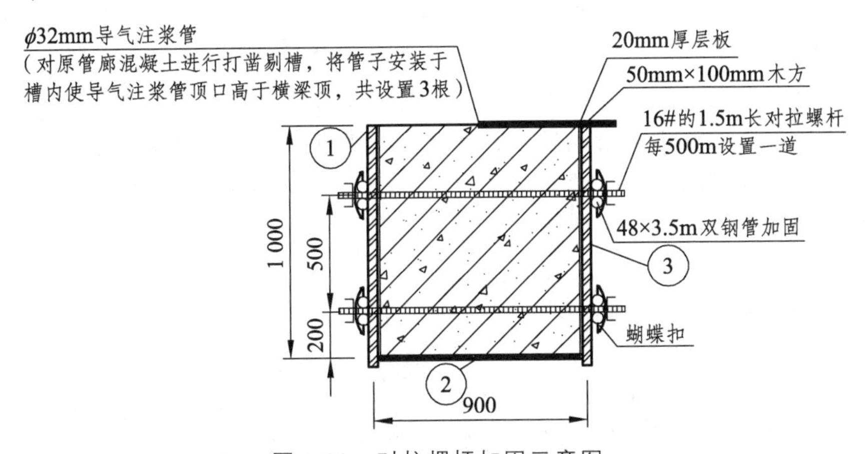

图 9-20　对拉螺杆加固示意图

为确保横梁混凝土充满密实，横梁模板安装时，横梁模板采用全封闭仅在横梁两端口设置浇灌的喇叭口。横梁混凝土采用超流态混凝土，混凝土浇筑时，混凝土从横梁的两侧喇叭口进行布料，混凝土应灌满喇叭口，从而产生足够的压力使横梁内混凝土充分填实。在混凝土达到设计强度的 70%后，从导气注浆管向横梁内灌浆进行补偿填实：灌注水灰比为 0.6∶1 的水泥浆，内掺 8%膨胀剂，注浆压力为 0.3 MPa，当注浆孔停止吸浆时，注浆即可结束。横梁施工完成后进行养护，达到设计强度后，在原管廊两侧外露的横梁处，每侧设置一道钢支撑，如图 9-21。

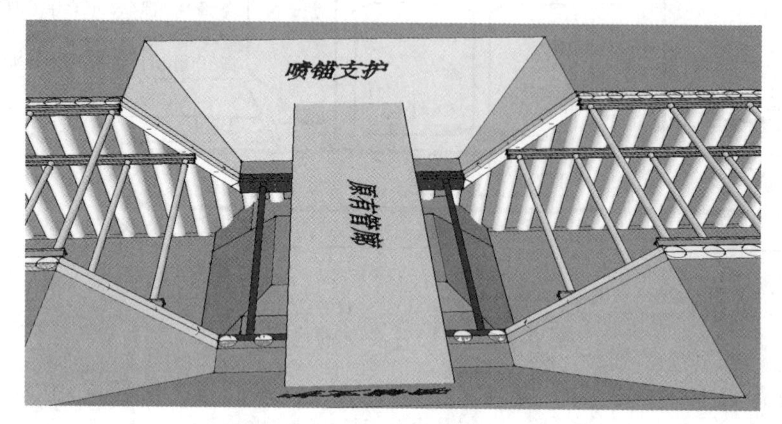

图 9-21 钢支撑设置示意图

3. 第五层土方开挖

从第四层土方开挖线至基底还剩余 3.521 m，计划一次性开挖 3.221 m，预留 0.3 m 采用人工开挖并清底。本层土方分两次进行开挖，第一层开挖厚度为 1.7 m，第二层开挖厚度为 1.521 m，采用 360 型、220 型、120 型、60 型挖机配合开挖倒运完成，开挖过程中严禁拆除及碰撞支撑。原有管廊底部预留核心土处坡面处理同第四层土方开挖，开挖过程中支护班组必须及时对该部分土体南北两面进行喷射 6 cm 厚 C20 素混凝土护面。开挖时及时穿插进行桩间支护施工。最终形成如图 9-22 所示基坑。

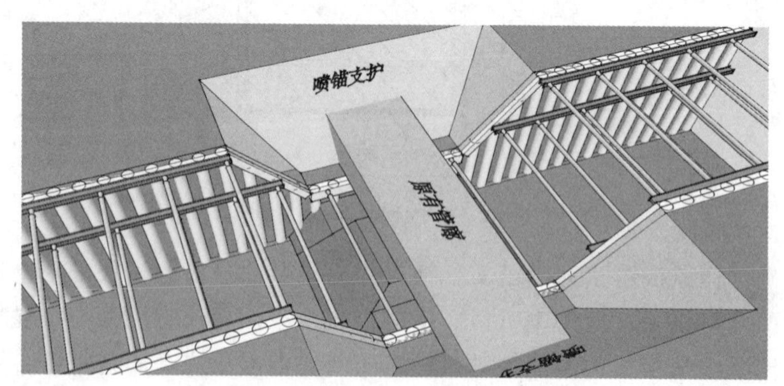

图 9-22 第五层土体施工示意图

9.3 景区大道管廊下穿保岫路既有管廊辅助施工技术

9.3.1 格构柱施工技术

1. 格构柱制作技术要点

格构柱采用在场外钢构加工厂加工制作，原材料进场首先审查质量合格证明文件并对材料的外观进行检查验收，合格后准予制作。对制作完成的格构柱依据规范及设计要求进行验收，验收合格后方允许进场进行安装。格构柱间对接焊接时接头应错开，保证同一截面的角钢接头不超过 50%，相邻角钢错开位置不小于 50 cm。角钢接头在焊缝位置角钢内侧采用同材料短角钢进行补强。格构柱加工允许偏差如表 9-3 所示。

表 9-3　构造柱加工允许偏差表

项　目	规定值及允许偏差/mm	检查方法
下料长度	±5	钢尺量
局部允许变形	±2	水平尺测
焊缝厚度	≥10	游标尺量
柱身弯曲	h/250 且不大于 5 mm	水平尺量
同平面角钢对角线长度	±5	对角点用尺量
角钢接头	≤50%，相邻角钢错开位置不小于 50 cm	钢尺量
缝处表面平整度	±2	水平尺量

格构柱的制作及焊接要求：

（1）格构柱放样、号料严格按照设计施工图纸的钢材规格和尺寸，并应符合施工规范的规定。

（2）格构柱放样、号料应根据材料厚度和工艺要求预留适当焊接收缩余量和切割余量。

（3）钢材号料、下料应有利于切割和保证质量，并尽可能节约材料。

（4）钢材切割前，清除钢材表面切割区域内的铁锈、油污，切割后，断口上不得有裂纹和大于 5 mm 的缺棱，并清除边缘上的焊瘤和飞溅物等。

（5）格构柱采用分节组装焊接。单节格构柱采用模具定位进行拼装，以保证格构柱的垂直度。

（6）组装前清除角钢、钢板表面污垢、蚀锈，然后将角钢利用模具固定牢靠，再将制作好的缀板点焊定位在角钢上。

（7）缀板与角钢之间采用周遍焊连接，电焊强度和密度须满足设计和规范要求。缀板间距要符合设计要求，格构柱尺寸满足规范要求。

（8）待复查组装质量和焊缝处理情况合格后，开始进行缀板焊接。如不符合要求，应修整合格后方能施焊。焊接完毕后应清除熔渣及金属飞溅物。

根据设计图计算，格构柱总高度为 5.121 m，为确保格构柱与原有管廊无间隙连接并对原有管廊起有效支撑作用，格构柱场外制作时，分为两段制作。下段长度为 4.5 m，上段长度为 0.5 m，先吊装并固定下段，此时下段格构柱顶与原管廊底有 0.621 m 高的间隙，此部分用于安装上段，如图 9-23 所示。上段格构柱长度为 0.5 m，就位后其与原管廊有 0.121 m 间隙，在其顶上平均分布排列 4 根长 1 m 的 80 mm×100 mm 木方，使用 50 t 千斤顶将上段格构柱向上顶，直至木方被顶紧不松动为止，此时上段格构柱与下段格构柱之间约有 41 mm 间隙，如图 9-23 所示。使用木楔子将此间隙临时楔紧，然后如图所示，在格构柱四角用同格构柱型号角钢，长为 280 mm 的角钢对上下两段格构柱进行焊接连接。焊接时上下两端搭接长度为 120 mm，焊缝为满焊。焊接连接完成后，从格构柱侧面取出千斤顶，重复相同施工顺序进行下一棵格构柱施工，直至所有格构柱施工完成。

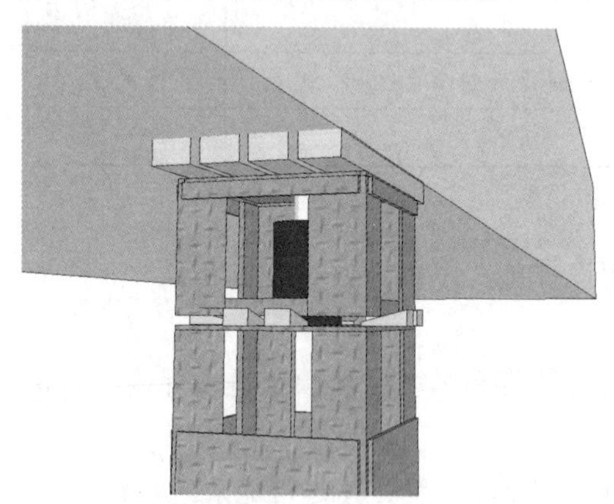
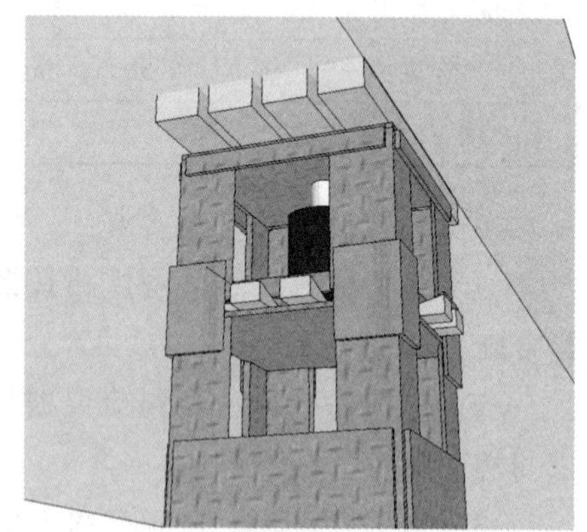

图 9-23　格构柱安装示意图

安装上段格构柱时，人工操作工序频繁，为便于施工，采用移动式组装平台辅助施工，如图 9-24 所示。

根据图纸设计，格构柱将穿过新建管廊底板和顶板，施工方案设计在主体施工时，格构柱与新建管廊底板和顶板交叉时，将格构柱与主体结构浇筑成一体。新建管廊钢筋安装时，绑筋直接穿过格构柱内部，格构柱外围按设计图洞口加强筋进行加强。为确保格构柱与主体相连部位的防水，在制作格构柱时，需在格构柱上对应新建管廊底板和顶板的部位，在格构柱外侧及内侧均焊制止水环，以起到止水效果。顶板模板处，因格构柱模板无法连通，因此采取外围模板紧贴格构柱，在等标高位置处格构柱内焊接 4 mm 后钢板对格构柱内空进行封堵并作为模板。

图 9-24　上段格构柱安装操作

2. 格构柱基础及格构柱施工

根据土方开挖部分施工顺序，土方开挖完成后，将在原有管廊正下方形成“岛式核心土”，该部分土体对管廊起支撑作用，因此格构柱基础及格构柱施工时，不能大土方开挖，需对称且分类开挖并施工格构柱基础及格构柱。

第一步：先开挖 1#、8#格构柱基础并施作基础及格构柱，再按同样方式开挖并施作 7#、14#格构柱基础及格构柱（深色填充构件为格构柱）。

在 1#、7#、8#、14#格构柱基础土方开挖后，原有管廊正底基坑侧壁无支护桩支护，该部分采用锚杆注浆+挂网喷面的方式进行护面。锚杆选用 $\phi 48\times 3.5$ mm 钢管，长 4 m，竖向方向共 4 根，水平方向共 4 根。钢筋网片为 $\phi 8$@200×200，加强筋为 $\phi 10$@500，网片筋采用 12#膨胀螺栓按间距@500 固定于钢筋混凝土桩上，面层喷射 8cm 厚 C20 素混凝土。

第二步：一次性开挖出 2#、3#、4#、5#、6#格构柱基础，并将此 5 颗格构柱基础与 1#、7#基础施工连成整体条形基础，然后一次安装 2#、3#、4#、5#、6#格构柱。2#、3#、4#、5#、6#格构柱基础土方开挖时，核心土部分产生的斜坡面，采取锚杆+喷射 6 cm 厚 C20 混凝土进行护面，锚杆长度 3 m，间距 1.5 m。如图 9-25。

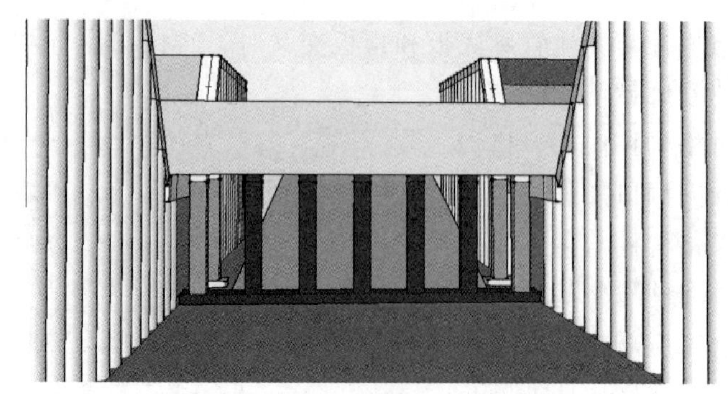

图 9-25　格构柱基础连接示意图

第三步：同第二步原理，一次开挖出 9#、10#、11#、12#、13#格构柱基础，并将此 5 颗格构柱基础与 8#、14#基础施工连成整体条形基础，然后一次安装 9#、10#、11#、12#、13#格构柱。9#、10#、11#、12#、13#格构柱基础土方开挖时，核心土部分产生的斜坡面，采取锚杆+喷射 6 cm 厚 C20 混凝土进行护面，锚杆长度 3 m，间距 1.5 m。

第四步：在第一至第三步完成后，将第三步最后形成的核心土一次性挖出，该部分核心土采用人工配合 60 型挖掘挖除，挖掘采取挖斗直进直出方式取土，不得旋转。本工程格构柱基础设计采用素混凝土独立基础，但为确保基坑刚度，基础施工时，将配置 200×200 的钢筋网片，钢筋采用直径为 16 的三级钢，且将每纵排格构柱基础连成整体，形成整体条形基础。基础上预埋与格构柱连接的钢板。

3. 格构柱吊放安装

格构柱采用一台 25T 吊机进行吊放，吊点位于格构柱上部。格构柱固定采用与基础上预埋的钢板焊接固定。

汽车吊将格构柱吊至基坑内并贴靠原管廊侧边，人工辅助将格构柱底端移放至事先定位的定位点，并初步固定（类铰接固定），然后采用 60 型挖机配合人工将格构柱校正，并最终焊接固定。

（1）格构柱在吊装前应在构件表面标出安装用的控制线作为校正的依据，同时格构柱每校正好一根应与基础预埋钢板连接位置校正。

（2）钢丝绳绑扎点与钢构件接触点之间，应用软材料保护好钢构件，以防钢构件及钢丝绳受损。

（3）校正前先检查格构柱脚的轴线，使其达到规范的要求，再检查标高，格构柱的标高可以用垫板控制。吊装采用单根吊装，应有软材料垫至其中以防钢构件受损。落钩时应缓慢进行，并在格构柱刚接触预埋钢板顶时即刹车对准预埋上提前定位的柱位，同时进行垂直度校正和固定，格构柱垂直度用挂线锤检查，用四根溜绳从两边把格构柱拉牢。格构柱经校正后，即可进行下道工序施工。

9.3.2 管廊主体施工及格构柱拆除

格构柱施工完成后，可按照设计图纸进行管廊主体施工，管廊施工时格构柱将穿过管廊底板和顶板，待管廊主体达到强度要求后方可将置于新建管廊仓内的格构柱切割拆除。

1. 格构柱拆除

根据设计图，管廊净高为 4.5 m，因此每根格构柱需拆除格构柱总高度为 4.5 m。格构柱拆除时为管廊内施工，无法使用起重机械辅助实施，因此格构柱的拆除前需搭设施工平台，采用氧气乙炔进行切除格构柱。

（1）施工平台搭设

每段施工平台围绕格构柱四周搭设，施工平台的高度根据格构柱拆除高度依次递减，但需保证满足拆除施工要求。

施工平台的搭设采用直径 48 mm、壁厚 3.0 mm 的扣件式钢管脚手架，平台宽度 3 m，外侧设置防护栏杆，防护栏杆高度不小于 1.2 m。防护栏杆上满铺密目安全防护网，平台顶部铺设主楞及 18 mm 厚胶合板。施工平台的搭设步距为 1.2 m，横距为 1.05 m、纵距为 1.05 m，主要供施工人员行走。

支架四周设置 4 根斜杆，斜杆与地面夹角 50°，宜设置为剪刀状，与横杆、纵杆、立杆的连接点不应少于 5 个，端部采用直径 32 钢筋头固定。底层扫地杆距离地面 0.2 m。

（2）格构柱切除方式

切除方式为自上而下分节拆除，根据设计计算，格构柱每延米质量为 158 kg，为利于现场施工人员拆除，每 0.5 m 一节（79 kg）分别拆除。

（3）施工平台拆除

格构柱拆除完成后进行脚手架拆除。脚手架拆除作业必须由上而下逐层进行，严禁上下同时作业。架体拆除作业应设专人指挥，当有多人同时操作时，应明确分工、统一行动，且应具有足够的操作面。卸料时各构配件严禁抛掷至地面。运至地面的构配件应按本规范的规定及时检查、整修与保养，并应按品种、规格分别存放。

2. 原有管廊与新建管廊间隙填筑

根据设计要求，新建管廊与原有管廊正交立交段之间的间隙（921 mm）采用 C20 混凝土填充，由于该部位混凝土量较大，砌筑 24 墙作为砖胎膜，沿基坑横向在中间砌筑一道 24 墙将其分为两格浇筑。为确保该部位混凝土充实，在浇筑混凝土前，需在原管廊底板底面预埋导气注浆管，以起到浇筑混凝土时排除气体，混凝土强度达到设计强度 70%后采取从导气注浆管进行注浆补偿填实。

该部分混凝土填筑前，需将基坑回填至新建管廊顶板，再采取顺原有管廊边砌筑 240 厚砖胎膜做模板，最后再浇筑混凝土。

3. 钢支撑拆除

（1）钢支撑拆除条件

管廊主体结构达到设计强度，基坑回填至钢支撑底。拆除施工必须在接到业主、监理等认可通知书后方能进行。

（2）拆除方法

内支撑、围檩拆除顺序：先拆除内支撑→拆除围檩→拆除牛腿。钢支撑拆除时先将支撑与围檩之间的焊缝进行切割，将钢管撑拆除。全部拆除完毕后再依次拆围檩、牛腿等构件。拆除过程由专职安全生产管理人员现场监督，检查施工是否严格按拆除顺序实施；内支撑、围檩拆除主要采用人工配合吊车进行拆除，拆除过程由专人信号指挥，拆除前由施工员对起重司机、拆除人员进行安全技术交底，签字确认技术交底记录。吊装采取两点吊方式进行，起吊前检查钢丝绳的完好性、吊点位置及栓接牢固；拆除期间设置安全吊装施工警示区域，指派专人负责值守。

（3）拆除安全作业措施

拆除施工机械进场时，预留基坑一侧通道给予方便，以利于机械基坑内进行拆除作业。坑内拆除作业按序进行，并及时移走拆除下来的支撑、辅件至基坑边，以便于直接吊出基坑外装车。进行坑内高处作业时，作业人员应配备并正确使用保险绳索，搭设临时脚手架的，应确保脚手架稳固、牢靠。钢支撑拆除施工时，坑内机械作业半径禁止所有人员逗留。所有安全措施及操作规程均应遵守并落实到位。

参考文献

[1] ZHOU YINGXIN, ZHAO JIAN. Assessment and planning of underground space use in Singapore[J]. Tunnelling and Underground Space Technology incur, 2015.

[2] PECK R B. Deep excavation and tunneling in soft ground. Proc 7th International Conference on Soil Mechanics and Foundation Engineering, 1969.

[3] CLOUGH G W, SCHMIDT B. Design and performance of excavations and tunnels in soft clay. Soft Clay Engineering, 1981.

[4] HAMID CHAKERI, YILMAZ OZCELIK, BAHTIYAR ÜNVER. Effects of important factors on surface settlement prediction for metro tunnel excavated by EPB[J]. Tunnelling and Underground Space Technology incorporating Trenchless Technology Research, 2013.

[5] 孙宇臣. Egoinfo 数码摄影地质编录系统在冬奥会综合管廊施工地质编录中的应用[J]. 水利水电技术，2019，50（S2）.

[6] DANIEL DIAS, RICHARD KASTNER. Movements caused by the excavation of tunnels using face pressurized shields: Analysis of monitoring and numerical modeling results[J]. Engineering Geology, 2013(1).

[7] CHEN JUN, JIANG LUZHEN, LI JIE, et al. Numerical simulation of shaking table test on utility tunnel under non- uniform earthquake excitation[J]. Tunnelling and Underground Space Technology incorporating Trenchless Technology Research, 2012.

[8] SUGIYAMA T, HAGIWARA T, NOMOTO T, et al. Observations of ground movements during tunnel construction by slurry shield method at the Docklands light railway Lewisham extension-east London. Soils and Foundations, 1999.

[9] KNOTHE S. Observations of surface movements under influence of mining and their theoretical interpreta-tion. Proceedings of European Conference on

Ground Movement, 1957.
[10] 焦军. PPP 在综合管廊中的应用[J].混凝土世界，2016（04）.
[11] O'REILLY M P, NEW B M. Settlements above tunnels in the united kingdom their magnitude and prediction. Proceedings of Tunnelling'82 Symposium, 1982.
[12] CHEN JUN, SHI XIAOJUN, LI JIE. Shaking table test of utility tunnel under non-uniform earthquake wave excitation[J]. Soil Dynamics and Earthquake Engineering, 2010(11).
[13] LIAO SHAOMING, WEI SHIFENG, SHEN SHUILONG. Structural Responses of Existing Metro Stations to Adjacent Deep Excavations in Suzhou, China [J]. Journal of Performance of Constructed Facilities, 2015.
[14] HUNT D V L, NASH D, ROGERS C D F. Sustainable utility placement via Multi-Utility Tunnels[J]. Tunnelling and Underground Space Technology incorporating Trenchless Technology Research, 2012.
[15] 宋文波. 北京市综合管廊规划建设现状及发展趋势[J]. 建筑机械，2016（06）.
[16] 刘文平. 波纹钢管廊受力变形特性研究[J]. 山西建筑，2019（22）.
[17] 周江华. 采用 BT 模式进行项目运作相关问题的探讨[J]. 铁道工程学报，2005（04）.
[18] 潘振华. 超大型深基坑对高速铁路桥墩稳定性影响分析[J]. 铁道标准设计，2014（07）.
[19] 赵文娟，吕宝山，宋晓可，等. 超浅埋垂直叠合大跨综合管廊隧道建造关键技术研究[J].市政技术，2019（06）.
[20] 陈政高. 在推进城市地下综合管廊建设电视电话会议上要求以高度的历史责任感抓好地下管廊建设[J]. 中国建设教育，2016（05）.
[21] 王婉莹. 城市道路网与轨道交通线网形态的关系研究[J]. 铁道工程学报，2017（02）.
[22] 城市地下空间开发利用“十三五”规划[J]. 城乡建设，2016（07）.
[23] 王建. 城市地下市政综合管廊建设费分摊探讨[J]. 上海建设科技，2008（04）.
[24] 杨仕升，姜龙，谢开仲. 城市地下综合管廊典型节点地震响应分析[J]. 地震工程与工程振动，2018（05）.

[25] 施卫红. 城市地下综合管廊发展及应用探讨[J].中外建筑，2015（12）.
[26] 牟秋，石玉竹. 城市地下综合管廊规划布局方法研究[J]. 地下空间与工程学报，2018（S1）.
[27] 刘云龙. 城市地下综合管廊规划及设计研究[D]. 西安建筑科技大学，2017.
[28] 冯彦妮. 城市地下综合管廊横断面设计及其优化研究[D]. 西安建筑科技大学，2017.
[29] 王育红. 城市地下综合管廊监测与预警系统研究及应用[D]. 西安建筑科技大学，2017.
[30] 王军，潘梁，陈光，等. 城市地下综合管廊建设的困境与对策分析[J]. 建筑经济，2016（07）.
[31] 谭忠盛，陈雪莹，王秀英，等. 城市地下综合管廊建设管理模式及关键技术[J]. 隧道建设，2016（10）.
[32] 熊晓亮，刘恒新，岑仰润，等. 城市地下综合管廊建设探讨[J]. 城市勘测，2016（02）.
[33] 田强，薛国州，田建波，等. 城市地下综合管廊经济效益研究[J]. 地下空间与工程学报，2015（S2）.
[34] 余常俊. 城市地下综合管廊浅析[J]. 公路，2016（10）.
[35] 许海岩，苏亚鹏，李修岩. 城市地下综合管廊施工技术研究与应用[J]. 安装，2015（10）.
[36] 王建波，赵佳，覃英豪. 城市地下综合管廊投融资体制[J]. 土木工程与管理学报，2016（04）.
[37] 林广泰，王建军，李彩霞，等. 城市地下综合管廊研究进展[J]. 西部交通科技，2018（01）.
[38] 刘慧慧，孙剑，李飞飞. 城市地下综合管廊应用 PPP 模式的 VFM 评价[J]. 土木工程与管理学报，2016（04）.
[39] 范翔. 城市综合管廊工程重要节点设计探讨[J]. 给水排水，2016（01）.
[40] 王明年，田源，于丽，等. 城市综合管廊火灾温度场分布及结构损伤数值模拟[J]. 现代隧道技术，2018（05）.
[41] 王莉，姜世超. 城市综合管廊上穿既有地铁施工方案研究[J].地下空间与工程学报，2019，15（S2）.
[42] 张宏，崔启明，韦翔. 城市综合管廊投融资模式探讨[J].建筑经济，2016

（12）.
[43] 王会丽，蒋海里，薛闯. 城市综合管廊预制节段拼装施工方案比选[J].上海建设科技，2018（04）.
[44] 王蕾. 脆弱性视角下城市地下综合管廊路径规划方法[D].西安建筑科技大学，2017.
[45] 陈鹏. 大直径泥水盾构大坡度始发关键技术研究[J]. 施工技术，2018（21）.
[46] 李兵，马宁. 地铁深基坑开挖对邻近桥桩的影响分析[J]. 昆明理工大学学报（自然科学版），2018（02）.
[47] 安泽宇，郭旺. 地下轨道交通和综合管廊协同建设相关问题研究[J]. 隧道建设（中英文），2019（01）.
[48] 赵丹阳. 地下综合管廊交叉节点地震反应分析[D]. 哈尔滨工业大学，2017.
[49] 曾国华，史金栋，台启民. 地下综合管廊与地铁车站同期建设方案优化研究[J]. 市政技术，2017（03）.
[50] 陈江，陈思明，傅金阳，等. 盾构侧穿邻近桥桩施工影响及加固措施研究[J]. 公路交通科技，2016（07）.
[51] 张帅军. 盾构法在城市地下共同管沟施工中的运用前景分析[J]. 隧道建设，2011（S1）.
[52] 王国富，孙捷城，路林海，等. 盾构隧道近距离下穿高架桥主动预支护研究[J]. 现代隧道技术，2017（06）.
[53] 杨爱良，陈超. 法华街与 2 号路交叉口管廊深基坑施工要点综述[J]. 施工技术，2016（S2）.
[54] 王凯，张成平，王梦恕. 分离式暗挖地铁车站结构断面型式正交优化设计[J]. 土木工程学报，2015（S1）.
[55] 张莹，李睿. 佛山新城裕和路综合管廊工程设计[J]. 中国给水排水，2015（18）.
[56] 史海欧. 跟地铁相结合的综合管廊和新型无柱车站设计方案[J].城市轨道交通，2017（03）.
[57] 姜力宁，马强，时广辉，等. 工业化、无螺杆、可快拆模板体系 绿色建造地下综合管廊施工技术[J]. 施工技术，2018（24）.
[58] 朱南松. 共同沟在我国之现状及发展[J].城市道桥与防洪，2010（02）.

[59] 翁玉峰，张立新. 关于综合管廊可视化运营与管理信息平台的建设实践与剖析[J]. 公路，2018（12）.
[60] 曾定波. 广州城市地下综合管廊管理一体化研究[D]. 华南理工大学，2017.
[61] 李橘云，方雷，易斌. 广州市轨道交通站点地下空间布局模式研究[J]. 铁道运输与经济，2014（06）.
[62] 黄斌. 轨道交通、市政地道和过街通道的地下空间一体化设计施工[J]. 建筑结构，2013（S2）.
[63] 宗晶，陈长祺，栗玉鸿，等. 轨道交通和地下综合管廊统筹协调探析[J]. 交通世界，2019（11）.
[64] 袁江，陈骏. 轨道交通沿线地下综合管廊同步实施方案分析研究[J].市政技术，2019（05）.
[65] 国家发展改革委 住房城乡建设部关于城市地下综合管廊实行有偿使用制度的指导意见[J]. 吉林勘察设计，2016（01）.
[66] 章瑛. 国家级生态示范城中的绿色市政行动实践：南京河西新城江东南路地下综合管廊及一体化设计[J]. 现代城市研究，2016（09）.
[67] 国务院常务会议部署推进城市地下综合管廊建设[J]. 吉林勘察设计，2015（04）.
[68] 周庆龙，闫龙. 海绵城市地下管廊工程建设探析：以白城市为例[J].白城师范学院学报，2019（10）.
[69] 谭博，蔡智，徐海洋，等. 海相深厚软土综合管廊施工技术[J]. 施工技术，2016（07）.
[70] 何健. 横琴新区城市地下综合管廊的建设实践与思考[J]. 安装，2015（10）.
[71] 李兴文，宋林辉，梅国雄. 基坑回填质量对基础的影响分析[J]. 南京工业大学学报（自然科学版），2006（02）.
[72] 王浩然，王卫东，徐中华. 基坑开挖对邻近建筑物影响的三维有限元分析[J]. 地下空间与工程学报，2009（S2）.
[73] 李龙剑，杨宏伟，李政林，等. 基坑开挖对邻近桥梁桩基的影响分析[J]. 地下空间与工程学报，2011（S2）.
[74] 王恒，陈福全，林海. 基坑开挖对邻近桥梁桩基的影响与加固分析[J]. 地下空间与工程学报，2015（05）.

[75] 王木群. 基坑开挖对临近桥桩的影响及基坑稳定性分析[J]. 中外公路，2014（03）.

[76] 郑刚，杜一鸣，刁钰，等. 基坑开挖引起邻近既有隧道变形的影响区研究[J]. 岩土工程学报，2016（04）.

[77] 孔德森，张秋华，史明臣. 基坑悬臂式倾斜支护桩受力特性数值分析[J]. 地下空间与工程学报，2012（04）.

[78] 张骁，肖军华，农兴中，等. 基于 HS-Small 模型的基坑近接桥桩开挖变形影响区研究[J]. 岩土力学，2018（S2）.

[79] 汪霄，高申远. 基于 PPP 模式的地下综合管廊项目合同柔性问题[J].土木工程与管理学报，2016（05）.

[80] 林永清. 结合地铁建设同步实施地下综合管廊的研究[J]. 城市轨道交通研究，2018（10）.

[81] 京沈客专望京隧道项目 10.9 m 超大直径泥水盾构下线[J]. 隧道建设，2016（12）.

[82] 李婷. 库尔勒市综合管廊试点实施方案论述[J]. 江西建材，2016（04）.

[83] 肖燃，龙袁虎. 老城区复杂环境下地下综合管廊工程设计[J].工程建设标准化，2017（09）.

[84] 晋凤明. 利用多源数据构建三维地质模型在冬奥会综合管廊工程中的应用分析[J]. 水利水电技术，2019，50（S2）.

[85] 魏丽敏，辛学忠，何群，等. 邻近开挖对桥梁桩基变形与内力影响分析[J]. 铁道工程学报，2017（05）.

[86] 张静元，马科萌. 路基开挖对高铁高架桥桥墩和基础的影响[J]. 中外公路，2015（01）.

[87] 王世博. 铝合金模板施工技术在超高层综合体中的应用[J]. 施工技术，2015（02）.

[88] 戴桂扬. 铝合金模板在建筑施工中的应用[J]. 中国住宅设施，2012（10）.

[89] 吴同昌，李昌泽，何震华. 铝合金模板在现浇地下综合管廊结构施工中的应用[J]. 施工技术，2017（08）.

[90] 罗启灵，王卫仑，刘洪海，等. 铝合金模板早拆时间确定方法研究[J]. 施工技术，2015（17）.

[91] 马骥，方从启，雷超. 明挖现浇法城市地下管廊施工技术[J]. 低温建筑技术，2017（01）.

[92] 南京江北新区地下管廊 9 种管线入廊[J]. 中国招标，2017（27）.
[93] 梁俊勋，卢玉南，吴必胜. 南宁市某地下车库上浮、开裂原因分析[J]. 施工技术，2014（S1）.
[94] 常鑫. 泥水盾构活塞式密封钢环接收技术[J]. 施工技术，2017（01）.
[95] 杨钊，李德杰，闵凡路. 泥水盾构泥膜破坏实验及颗粒流数值模拟研究[J]. 科学技术与工程，2017（19）.
[96] 起步早 进度快 效果好 路径新全省城市地下综合管廊建设现场会在四平召开[J]. 吉林勘察设计，2016（01）.
[97] 郑琼彬. 浅谈 BT 项目公司会计核算：以珠海横琴新区市政基础设施 BT 项目为例[J]. 财经界（学术版），2013（01）.
[98] 孙影. 浅谈国外综合管廊发展对我国地下管线建设的启示[J]. 科技资讯，2013（22）.
[99] 王辉. 浅析城市地下管廊建设的关键技术掌握[J]. 建材与装饰，2020（03）.
[100] 张师岸. 秦沈客运专线涵洞基坑的回填方式[J]. 铁道建筑，2001（02）.
[101] 杨学军. 人工智能赋能智慧管廊[J]. 智能建筑，2018（12）.
[102] 融资难与各自为政：地下管廊建设陷入两大困境[J]. 给水排水动态，2015（06）.
[103] 沈健，李耀良，王建华. 深基开挖对邻近高架基础影响的三维数值分析[J]. 地下空间与工程学报，2005（04）.
[104] 汪智慧. 深基坑开挖对既有混凝土桥梁桩基影响模拟分析[J]. 混凝土，2016（11）.
[105] 薛莲，傅晏，刘新荣. 深基坑开挖对临近建筑物的影响研究[J]. 地下空间与工程学报，2008（05）.
[106] 李大鹏，阎长虹，张帅. 深基坑开挖对周围环境影响研究进展[J].武汉大学学报（工学版），2018（08）.
[107] 傅勇，张全胜，高广运. 深基坑开挖引起的周边土体沉降分析方法探讨[J]. 地下空间与工程学报，2013（S2）.
[108] 王升. 深基坑施工对邻近高铁桥梁影响研究[J]. 铁道建筑，2014（09）.
[109] 世界规模最大 GIL 综合管廊隧道工程盾构始发[J]. 低温建筑技术，2017（11）.
[110] 世界其他国家综合管廊发展历程及建设情况[J]. 隧道建设，2016（06）.

[111] 林天. 市政工程地下综合管廊防水施工要点分析[J]. 住宅与房地产，2019（31）.
[112] 郭毓. 市政管线和管沟的综合规划设计探讨[J]. 住宅与房地产，2016（24）.
[113] 王平. 苏州城市地下综合管廊的建设经验[J]. 建筑经济，2016（02）.
[114] 听各方专家说地下管廊[J]. 给水排水动态，2015（06）.
[115] 李腾飞. 土工格室在台背回填中的应用[J]. 四川建材，2013（02）.
[116] 杜江涛. 围护结构无法封闭时基坑工程处理措施[J]. 施工技术，2017（20）.
[117] 赵强，白虎山. 渭南市滨河大道综合管廊设计方案浅谈[J]. 陕西建筑，2016（10）.
[118] 申国奎，张顶立，韩建聪. 我国城市地下综合管廊施工技术研究[J]. 建筑技术，2018（06）.
[119] 王建光，武福美，邱德隆. 我国地下空间施工技术和发展展望[J]. 建筑技术，2018（06）.
[120] 我国首条湖底隧道、管廊合建工程全线通车[J]. 工程质量，2018（10）.
[121] 肖邦国，鹿宁. 我国综合管廊建设带动钢材消费分析[J]. 冶金经济与管理，2015（06）.
[122] 高银宝，谭少华，谭大江，等. 小城镇地下综合管廊规划建设与管理[J]. 地下空间与工程学报，2020，16（01）.
[123] 段亚刚. 小直径盾构在综合管廊建设中的关键技术研究[J]. 铁道工程学报，2017（04）.
[124] 董向伟，王力尚，郑春光. 谢赫哈利法特护医院地下通道施工技术[J]. 施工技术，2013（06）.
[125] 刘剑春. 新建轨道交通工程与新建城市管廊衔接共建设计策略探讨[J]. 铁道标准设计，2017（05）.
[126] 薛孟斌，张宇飞，雷超雯，等. 一次性导向跟管钻进法大管棚施工技术在管廊施工中的应用研究[J]. 城市建筑，2019（24）.
[127] 王连山，赵海雷，沈捷. 用于泥水盾构施工培训的模拟操作平台[J]. 建筑机械化，2019（12）.
[128] 王秀英，刘维宁，赵伯明，等. 预切槽技术及其应用中的关键技术问题[J]. 现代隧道技术，2011（03）.

[129] 曹生龙. 预制混凝土箱涵在地下综合管廊中应用的一些技术问题探讨[J]. 混凝土与水泥制品，2017（07）.
[130] 陈鹏，吴坚，张晓平，等. 长距离大直径泥水盾构隧道洞内无轨运输优化模型研究：以苏通 GIL 综合管廊工程为例[J]. 隧道建设（中英文），2018（06）.
[131] 许啟新，杨鼎，戈祥林，等. 振动水密法基坑回填施工技术[J]. 建筑施工，2013（12）.
[132] 朱伟，钱勇进，闵凡路，等. 中国泥水盾构使用现状及若干问题[J]. 隧道建设（中英文），2019（05）.
[133] 中国首台 U 型盾构应用于海口地下综合管廊工程[J]. 市政技术，2017（06）.
[134] 刘文慧. 中国首条现代化地下管廊的 20 年试验史："有经验，也有教训"[J]. 给水排水动态，2015（06）.
[135] 黄旭腾，李晨，贾永州，等. 装配式铝模台车在城市综合管廊施工中的应用[J]. 建筑施工，2018（02）.
[136] 杨志勇，章沛蓉. 装配式综合管廊守护地下"生命线"[J]. 中国建设信息化，2019（22）.
[137] 郑辉. 装配式综合管廊在地铁车辆基地中的发展及应用探讨[J]. 铁道标准设计，2019（04）.
[138] 综合管廊[J]. 中国建设教育，2015（04）.
[139] 王全胜，李洋，杨聚辉，等. 综合管廊 U 型盾构机械化施工工法研究与应用[J]. 隧道建设（中英文），2018（05）.
[140] 吴余海. 综合管廊暗挖施工对地铁隧道影响的数值分析[J]. 施工技术，2017（17）.
[141] 汪胜. 综合管廊断面型式选用分析[J]. 中国市政工程，2014（04）.
[142] 苏洪涛，程涛，汪齐，等. 综合管廊对排水管网设计的影响[J]. 市政技术，2016（04）.
[143] 杨爱良，方金瑜，舒望. 综合管廊防水施工要点技术综述[J]. 新型建筑材料，2016（02）.
[144] 王美娜，董淑秋，张义斌，等. 综合管廊工程规划及管理中的重点问题解析[J]. 北京规划建设，2015（06）.
[145] 油新华，华东，王恒栋. 综合管廊绿色建造的有效途径[J]. 隧道建设（中

英文），2018（09）.
[146] 杨秋侠，冯彦妮. 综合管廊内各管线安全距离的理论研究[J]. 地下空间与工程学报，2018（02）.
[147] 徐建宁. 综合管廊深基坑施工对邻近桥梁的影响[J]. 科学技术与工程，2020，20（05）.
[148] 张志敏，冯桢，王天野. 综合管廊下穿河道浅埋暗挖施工技术[J]. 建材与装饰，2017（27）.
[149] 冯艳. 综合管廊与道路实施时序分析[J]. 山西建筑，2017（35）.
[150] 冯海翔，韩秀赟. 综合管廊与地铁建设的相互协调研究[J]. 建筑，2019（19）.
[151] 张忠宇，徐建，黄俊，等. 综合管廊与地下工程协同建设的关键问题与对策[J]. 地下空间与工程学报，2018（S2）.
[152] 韦剑，韩继. 综合管廊在公路建设中的应用探讨[J]. 西部交通科技，2019（08）.